新時代水面艦
和艦載武器

STEALTH WARSHIP

康拉德·沃特斯（Conrad Waters） 克里斯·查恩特（Chris Chant） 著 西風 譯

國家圖書館出版品預行編目 (CIP) 資料

新時代水面艦和艦載武器 / 康拉德 . 沃特斯 (Conrad
　Waters), 克里斯 . 查恩特 (Chris Chant) 著；西風譯 .
　-- 第一版 . -- 臺北市：風格司藝術創作坊 , 2017.08
　　面；　公分
　譯自：Stealth warship
　ISBN 978-986-95190-5-2(平裝)

1. 軍艦　2. 武器

597.6　　　　　　　　　　　　　　　　106013132

全球防務 003

新時代水面艦和艦載武器
Stealth warship

作　　者：康拉德 · 沃特斯（Conrad Waters）　　克里斯 · 查恩特（Chris Chant）
譯　　者：西　風
責任編輯：苗　龍
出　　版：風格司藝術創作坊
地　　址：10671 台北市大安區安居街 118 巷 17 號
　　　　　Tel：（02）8732-0530　Fax：（02）8732-0531
　　　　　http://www.clio.com.tw
總 經 銷：紅螞蟻圖書有限公司
　　　　　Tel：（02）2795-3656　Fax：（02）2795-4100
地　　址：11494 台北市內湖區舊宗路二段 121 巷 19 號
　　　　　http://www.e-redant.com
出版日期：2019 年 5 月　第一版第一刷
訂　　價：480 元

目录
CONTENTS

目录
CONTENTS

目录
CONTENTS

意大利
「加富爾」號航空母艦

　　在過去十年中，意大利海軍經
歷了多次里程碑式的轉變，重新
回到世界一流艦隊的水平。2003
年「托達羅」級AIP潛艦「塞爾
瓦托」號的下水是重要標誌。更
為重要的標誌是2008年意大利第
一艘中型航空母艦「加富爾」號
的交付使用。

作為一個擁有漫長海岸線和重要島嶼的國家，大海是意大利安全與經濟的屏障。「加富爾」號航空母艦是二戰後意大利裝備的最大的軍艦，也被認為是意大利宣示海上力量的方式。如今，航空母艦需要強大的經濟或軍事潛力的支撐，意大利人富於創造精神，力爭獲取最好最實用的軍艦，但歷史上意大利海軍總面臨經濟和地理方面的限制。這些限制導致了犧牲航程和防護力換取速度和推力的趨勢，還得均衡排水量和適航性：有時會成功，但有時不會。

意大利的創新趨勢可以追溯到1814年，當時撒丁海軍向美國訂購了兩艘裝備48門火炮的重型護衛艦（「熱那亞」號和「克里斯蒂娜」號）。意大利海軍有喜好低成本的小型軍艦和動力最強勁的巡洋艦的傳統，然後將這二者混合，例如1859年撒丁首相（和海軍部長）訂購的「加富爾伯爵」級無畏戰列艦（兩舷裝甲板重僅2682噸）、1892年訂購的「聖·邦」級小型快速戰列艦和1900年訂購的「里賈納·埃萊娜」號快速戰列艦。比其他戰列艦更快，比其他裝甲巡洋艦動力更強勁——這幾艘軍艦是「袖珍戰列艦」的先行者，

下圖：2008年意大利新型航空母艦「加富爾」號的交付使用，標誌著意大利海軍重新回到世界一流艦隊的水平。

早於1930年後德國建造的著名的「德意志」號戰列艦。

　　在二戰期間沒有裝備航空母艦的海軍中，意大利海軍是規模最大的一支。但是這並不意味著意大利海軍圈中缺乏「制空權意識」。意大利進行的第一次「平頂船」探索可以追溯到1919年，當時有人建議將尚未建造完的「卡拉喬洛」號戰列艦改造成航空母艦。受到美國「蘭利」號航空母艦的刺激，此艦1924年設計噸位9000噸，並開始在木質模擬甲板上進行戰鬥機和魚雷轟炸機的測試。但是由於經費削減，計劃被迫取消。第二年，有人提出了另一種提升海上力量的創造性方法——航母巡洋艦混合體：在巡洋艦上建造浮動船塢以容納水上飛機，但這個方案同樣沒能擺脫資金困擾。此後，建造航母的提議在1931年、1932年、1937年和1941年出現過。1941年，殘酷的戰爭經驗最終促使意大利人決定把「羅馬」號郵輪改裝成航空母艦——如果成功，那它將成為意大利的第一艘航空母艦。但很遺憾，至1943年6月「鷹」

下圖:在1939年晚些時候，德國「德意志」號袖珍戰列艦在大西洋發起了一波海上攻擊，共擊沉2艘商船，並俘獲了船隊中的第3艘商船。它後來被更名為「呂佐夫」號。

上圖：1936年，「蘭利」號的飛行甲板前部被拆除，改裝成為水上飛機母艦。在其短暫的戰鬥生涯中，作為美國海軍第一艘航空母艦，它一直承擔著運輸飛機的任務，直到1942年2月被日本轟炸機炸沉。

下圖：英國皇家海軍「鷹」號航空母艦在服役生涯的大部分時間內駐紮在遠東地區，1940年春季返回地中海。最終被德國U型潛艦擊沉，艦上260人喪生。

號（「羅馬」號要改造成的航空母艦）只完成了80％，意大利當局便決定將有限的資源集中用於建造驅逐艦、魚雷艇和潛艦。

實際上，意大利海軍的航母之所以一拖再拖，資金並不是唯一的問題，或者說不是最主要的原因。如果說二戰期間美國和日本的海軍與空軍的關係還算理想的話——美國和日本的海軍擁有獨立的空中力量（甚至美國海軍陸戰隊和海岸警衛隊也有自己的空中力量），英國的海軍與空軍的關係也還說得過去——英國海軍掌管著自己的航空母艦，並與英國皇家空軍海防總隊合作良好，那麼意大利的海軍與空軍的關係可以說糟透了。意大利海軍只擁有巡洋艦和戰列艦搭載的水上飛機，而這些水上飛機只能執行偵察和預警任務。海軍

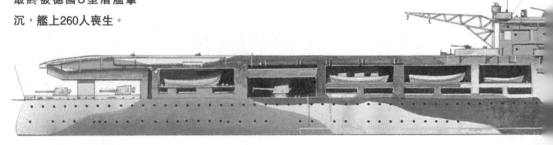

與空軍的合作，雙方既不熱心，也不順利。二戰之後，這種矛盾重重的關係仍在困擾意大利軍隊。1952年12月發生的一件事，正好詮釋了這種荒唐的、自我破壞的兄弟競爭。美國計劃向意大利提供一艘護航航空母艦和一艘「獨立」級輕型航空母艦（美國的戰爭剩餘物資），同時美國海軍還將提供用於反潛的「地獄俯衝者」俯衝轟炸機，並負責培訓意大利海軍飛行員。當海軍飛行員駕駛著兩架意大利海軍塗裝的飛機在那不勒斯降落時，一位空軍軍官派憲兵拘捕了飛行員，因為他們違反了墨索里尼時代制定的「固定翼飛機專屬於空軍」的法律。

20世紀50年代，意大利海軍開始規劃戰後發展。鑒於空軍繼續堅持掌握所有固定翼飛機，少數年輕海軍軍官認為意大利海軍最佳發展方向應當是「驅逐艦海軍」，就像戰後的日本或德國海軍那樣，由8艘軍艦組成混合艦隊——使用二戰前下水的舊軍艦或美國海軍退役軍艦。意大利海軍否決了這一建議，相反，選擇了繼承傳統——建造創新型軍艦，軍艦越大越好，直至條件允許建造更好的軍艦。1957年意大利

下圖：1942年3月，英國皇家海軍「鷹」號航空母艦共向馬耳他輸送了3個波次共計31架「噴火」5型戰鬥機。在同年8月的「支座」行動中，「鷹」號被德軍炸沉。

下圖：2008年3月交付意大利海軍之後，「加富爾」號又進行了一系列測試和強化，以達到全部作戰能力。儘管設計具有靈活性，但是打破了兩棲能力優先的企圖，意味著它最重要的任務是充當航空母艦，搭載各種噴氣式飛機和直升機。

海軍訂購了兩艘「多里安」級「直升機巡洋艦」（每一艘的造價相當於4艘「猛烈」級驅逐艦。「猛烈」級驅逐艦於1950年訂購，1958年交付使用）。這兩艘軍艦滿載排水量僅6500噸，顯然無法勝任角色。因此，1965年意大利海軍訂購了「維托里奧·維內托」號巡洋艦，排水量達8850噸，能夠搭載9架直升機。除了提供直接戰鬥力之外，「多里安」和「維托里奧·維內托」還有助於意大利海軍在實踐中初步發展空中力量準則——最初僅限於直升機——意大利海軍也是第一支在直升機上裝備飛彈的西方海軍。

1962年至1973年長期的預算危機，導致「維托里奧·維內托」的後續艦「意大利」號和1965年設計的「的里雅斯特」號全通甲板巡洋艦的流產。20世紀70年代早期，甚至有人建議把直升機巡洋艦賣給一支南美海軍，賣的錢足夠添置一艘漂亮的新型「勇敢」級驅逐艦（1968年開始建造，1972年建成，滿載排水量4400噸）。這個建議在意大利海軍防務雜誌上很流行，但是並不受海軍歡迎。1975年，意大利海軍以實際行動堅定了傳統路線——提出建造放大版的「的里雅斯特」計劃，這就是後來的「加里波第」號航空巡洋艦（全通甲板巡洋艦），該艦1981年開始建造，4年後交付使用。

下圖：科蒂斯公司出品的「地獄俯衝者」SB2C-3型俯衝轟炸機。1943—1944年，圖中這架「地獄俯衝者」飛機搭載在美國海軍「漢科克」號戰艦之上，隸屬於第7艦載機聯隊。該型飛機在戰爭中暴露出一些缺點。

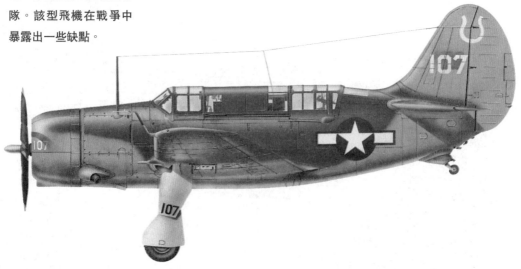

這艘10000噸級小型航母（滿載排水量13500噸）標誌著意大利海軍重新成為地中海地區舉足輕重的力量，正如二戰前。

儘管如此，在「加里波第」號即將完工之時，它幾乎成為「死產兒」。意大利共產黨在國會中聲稱建造航空母艦違背1947年的和平條約。緊接著一條爆炸性消息見諸報端，有人指出尚在船台上的軍艦，本來應當是直升機航母，但是甲板前端出現了一個突起，類似於滑躍式甲板。同時，意大利空軍開始強調自己在海上的存在——F–104低空飛越軍艦的照片，似乎要證明意大利海軍並不需要航空母艦。在這種情況下，似乎任何反抗都無濟於事。但是，1989年1月26日，意大利總理完全不在乎左派的壓力和空軍的遊說，頒布了一條新的法律，廢止了60年前墨索里尼制定的維護空軍「對一切會飛的物體的壟斷控制權」的法律。這等於認可了「加里波第」號的存在目的。意大利海軍的第一架AV-8B「海鷂」飛機是從麥克唐納·道格拉斯公司購買的，1991年8月23日登艦。

下圖：1981年開始建造的「加里波第」號小型航母，是意大利的第一艘「平頂船」。照片中另一艘航母是美國「尼米茲」級攻擊型航空母艦「哈利·S.杜魯門」號。

上圖：英國BAE系統公司製造的「海鷗」戰鬥機上部表面為深灰色，腹部為白色，塗有各種彩色斑紋，加入皇家海軍航空兵服役。在前往南大西洋的路上，這些戰鬥機的機身上重新塗上了更深的灰色油漆。

下圖：法國的「夏爾·戴高樂」號航母。

「加里波第」號在完成任務過程中表現優異，回報了總理的信任，實現了海軍的夢想。在戰鬥生涯中，它曾在科索沃危機中到過亞得里亞海和索馬里以東的印度洋，其艦載AV-8B「海鷗」飛機甚至去過阿富汗，為意大利海軍提供了可靠而有效的空中掩護。與英國的「無敵」號航母相比，它顯得太小了，更不用說法國的「夏爾·戴高樂」號航母，但是它對意大利的艦艇設計和人員培訓都功不可沒。

設計上混亂的概念

這遠不是愉快的結局，1989年只是意大利永不終結的航母傳奇嶄新而不易的一頁。當時意大利海軍開始討論「維托里奧·維內托」後繼者——「維托里奧·維內托」將於10年後退役，進化版「加里波第」號——新型放大版「加里波第」號。這種設計被稱為「蘇聯風格」——148計劃，是一種排水量15000噸的輕型航空母艦。這一數字很快增加到16000噸。

經過深層設計升級（156計劃），1993年的預算危機推遲了「維托里奧·維內托」號的退役時間（它服役至2003

年）及其後繼者的龍骨鋪設時間。時間上的推遲也使得計劃中的航空母艦的排水量進一步增加（160計劃排水量為20000噸），但這也危害到了航空母艦。自從1967年以來，一些專家就一直在《海軍雜誌》（意大利海軍的月刊）上發表文章，要求意大利海軍建造船塢登陸艦。因為這一時期意大利海軍的主要任務是，配合美國第6艦隊對抗地中海地區的蘇聯艦隊。這些專家還聲稱，這種登陸艦可以充當飛彈巡邏水翼艇的母艦，能夠對抗水面艦艇。PHM從其船塢中出擊：這有點類似於19世紀末用巡洋艦搭載魚雷艇的想法，但那最終被證明不可行。這種以船塢登陸艦為中心的想法無異於把意大利海軍變成黃水海軍，更像是美國說客提出的——美

國人當然樂於為北約添加幾艘「硫磺島」級兩棲攻擊艦，而且不用花美國納稅人一分錢。20世紀70年代末，又有人提出了克隆版「塔拉瓦」級兩棲攻擊艦——出於相同的目的。

　　20世紀90年代中期，這種將意大利海軍主力艦變成黃水軍艦的浪潮又出現了。但是這次的想法得到了支持，這歸因於意大利海軍在黎巴嫩、阿爾巴尼亞、南斯拉夫、索

上圖：英國的「無敵」級航空母艦可以同時搭載固定翼飛機和旋轉翼飛機。

下圖：這架「海鷂」FRS. Mk 1型戰鬥機標有艦隊航空兵第801中隊指揮官的標記。馬爾維納斯群島戰爭結束後，「海鷂」戰鬥機的外掛吊架上增設了雙排AIM-9型飛彈的雙掛架。

馬里和波斯灣等熱點地區，支援陸軍部隊和物資快速部署的經驗。1988年後，3艘具備直升機起降能力的5000噸「聖·喬治奧」級兩棲船塢運輸艦（LPD）儘管還勉強夠用，不過經驗證明：越大越好。因此，160計劃被賦予了具備運輸「聖·馬可」團的180人突擊部隊、並使用艦載直升機將他們運送上岸的能力。1996—1998年間，運輸地面作戰部隊成為這一設計的亮點，而新的163計劃和168計劃則裝備了船塢，具備運輸630人的能力。該型艦稱為NUMA——意大利語Nuova Unita Mgggiore（新型主力艦）的縮寫，但是很快就變成NUMPA——Nuova Unita Mgggiore Polifunzionale Anfibia（新型主力多用途登陸艦）。

即便最終設計看似成熟了，但意大利海軍各級軍官們卻進行了空前的辯論——這最終導致修改過的計劃在執行中被凍結。例如，對於新型主力多用途登陸艦的爭論，經

下圖：1988年於威尼斯拍攝的「聖·喬治奧」級兩棲船塢運輸艦。意大利海軍使用3艘該級艦的經驗，對「加富爾」號的設計產生了重要影響。

上圖：一架AV–8B型戰鬥機正在「塔拉瓦」號兩棲攻擊艦甲板上滑行作起飛准備。

驗證明多用途方式很少能達到預期目的，人們只會賦予艦艇一個靈魂，而其他任務則只能勉強應付。最終為該型艦蓋棺的是一篇批評文章，文章指責這種軍艦隻是一艘昂貴而不實用的輔助艦，而不是一艘旗艦。1999年初，意大利海軍新任參謀長翁貝爾托·誇爾尼耶里上將命令重新修改計劃。這一次計劃重新還原為航空母艦，取消了船塢（儘管很多海軍軍官認為船體內部必然有個洞），因此也節省了很多空間——優先用於飛機起降。運輸部隊的能力也降為用直升機運送450人登陸，具備滾裝能力，能夠運輸主戰坦克和其他車輛。艦艇名稱也像設計過程一樣多變，從「朱塞佩·馬志尼」到「路易吉·埃納烏迪」，再到「安德烈·多里亞」，最後到「加富爾」。 2000年11月22日意

上圖：美國海軍陸戰隊第231攻擊機中隊是海軍陸戰隊第三支同時也是最後一支裝備AV-8A型攻擊機的中隊。1983年，該中隊隨同「塔拉瓦」號兩棲攻擊艦在黎巴嫩執行維和行動時才接觸實戰。

上圖：「海鷂」FA.MK2戰鬥機極大地提升了戰鬥機的作戰性能。

大利海軍向芬坎蒂尼造船廠訂購，2001年7月在該公司的里瓦·特里戈索船廠和穆吉亞諾船廠開工建造。該艦2004年6月20日下水，2008年3月27日交付意大利海軍，2009年正式入役。

功能與設計

「加富爾」號的設計具有靈活性，儘管它最重要的任務是充當航空母艦，但它還具備很強的兩棲能力和旗艦功能。標準排水量為22290噸，滿載排水量27100噸。尺寸為244米×39米×8.7米，飛行甲板面積為232.6米×34.5米。跑道長183米，12°的滑躍甲板。艦載人員451人，其中203人為航空機務人員，140人為指揮人員，此外還能擠下400名士兵。住宿區共有1300張床鋪。

「加富爾」號採用4台通用電氣公司的LM2500燃氣輪機推動，總功率為88兆瓦，可以為兩套傳動系統提供每套約60000軸馬力的驅動力，帶動5個螺旋槳軸，最高速度可達28節。它可裝載2500噸燃料，以16節的速度航行7000海里，自我維持18天。與它的同名艦以及其他二戰中的大多數意大利軍艦不同，它是一艘經濟型軍艦，以巡航速度航行時每小時僅耗油3噸，全速航行時每小時耗油25噸。採用雙舵，船首和船尾各一個推進器。

作為一艘航空母艦，「加富爾」號能夠搭載垂直/短距起降（V/STOL）航行器，如AV-8B「海鷂」飛機，或直升機，如EH-101、NH-90和SH-3D。當F-35聯合攻擊戰鬥機的STOL型下線後，也能夠在「加富爾」號上起降。「加富爾」號機庫面積共2500平方米，內部空間為134.2米×21米×7.2米，能夠容納8架固定翼飛機或12架直升機。它有兩部30噸級飛機升降機、兩部15噸級彈藥升降機和兩部小型升降機。由於安裝了一對主動穩定鰭，飛機在6級海況下也可

上圖：F−35聯合攻擊戰鬥機。

以起降。根據任務需要，它最多可以搭載24架飛機。

　　作為兩棲平台，「加富爾」號可以運輸各種不同車輛，100輛輕型車輛或50輛兩棲攻擊車或24輛主戰坦克。車輛通過兩個滾裝坡道出入。它能夠容納325名「聖·馬可」團的海軍陸戰隊員，超載的話還可以再增加91人。它有150個工作台，可當作旗艦，能夠指揮海軍的空中與兩棲作戰行動。它還有醫療設施，包括3個手術室、一個口腔外科、一個實驗室、一個放射室以及病房。

　　「加富爾」號配備了強大的火力和探測器。最基本的防空武器是法國和意大利共同組成的歐洲防空飛彈公司開發的近程點防禦飛彈系統。系統包括1部賽萊克斯公司的SPY-790 歐洲多功能相控陣雷達（EMPAR）、4座可發射「紫菀」15飛彈的「席爾瓦」8單元垂直發射器，以及由意大利CMS公司開發的作戰控制系統（源於法國「夏爾·戴高樂」號航母的SENIT-8系統）。機動性極強的「紫菀」飛彈

下圖：圖中是兩棲攻擊艦內部的情景，有輕型裝甲車和氣墊登陸艇。

還裝備於法國與意大利聯合研製的「地平線」級護衛艦和多任務護衛艦，這種短程版本的「紫菀」飛彈能夠攜帶13千克的彈頭，以3馬赫的速度攻擊30千米內的目標。EMPAR雷達提供遙測引導，飛彈能夠在攻擊末段進行主動尋的，可同時攻擊12個飛機或飛彈目標。此外，「加富爾」號還安裝了奧托·梅萊拉公司生產的76毫米/L62速射炮，射速為120發/分鐘，能夠將12.34千克的炮彈以925米/秒的速度發射出去，射程30千米；以及3門厄利孔公司的KBA防空炮。其他傳感器包括1部SPS–798 RAN–40L 3D D波段遠程對空搜索雷達、SPS–791 RASS RAN–30X/I水面搜索雷達及導航、空中管制陣列，以及SIR–R敵我識別系統。「加富爾」號的電子對抗設備包括兩部奧托·梅萊拉/賽萊克斯公司的20管SCLAR–H誘餌發射器，可發射105毫米或118毫米的多用途

下圖：法國「夏爾·戴高樂」號航母。

左上圖和左下圖：2004年6月20日，「加富爾」號船身舯部和飛行甲板部分在芬坎蒂尼造船廠的里瓦‧特里戈索船廠下水。它隨後被拖往拉‧斯佩齊亞附近的穆吉亞諾船廠安裝船首，進行組合舾裝。

火箭。它還裝備了兩部SLAT魚雷防禦系統，艦首安裝了白頭公司(WASS)生產的SNA-2000探雷聲吶。電子對抗和電子支持設備是意大利電子公司的綜合性電子支持/電子情報/電子對抗系統。

「加富爾」號分為多個安全與損害管制區，採用了電腦監視系統。它還很宜居：人員空間分配很慷慨，按照民用舒適標準建造。公共空間包括酒吧、電影院和體育館。它既堅持現代環境標準，也注重排放控制和垃圾處理。

性能

自從1989年打破了空軍對固定翼飛機的壟斷後，空中力量就注定成為「加富爾」號的靈魂。未來它將裝備新型聯合攻擊戰鬥機，這會加強其核心能力。作為一艘航空母艦，它在21世紀的攻擊力量將會是第5代戰鬥機——F-35B「閃電」II聯合攻擊戰鬥機。意大利海軍計劃至少購買22架F-35B STOVL型，以裝備「加富爾」號攻擊群。由於成本超出預期，這種超音速、多用途隱身飛機的開發目前面臨困境。但是，第一架STOVL型已經於2008年開始試飛，採用普拉特——惠特尼公司的F135發動機，並於2009年2月取得了進行全動力起降的資格。當5年後F-35正式部署時，它將給意大利海軍帶來前所未有的攻擊力和防禦力。美國軍方發言人稱，F-35的戰鬥力是4代戰鬥機

本頁圖：本頁兩圖拍攝於2006年12月19日，「加富爾」號進行第一次海試。

上圖：2008年3月交付意大利海軍之後，「加富爾」號又進行了一系列測試和強化，以達到全部
作戰能力。儘管設計具有靈活性，但是打破了兩棲能力優先的企圖，意味著它最重要的任務是充
當航空母艦，搭載各種噴氣式飛機和直升機。

的4倍。與其前輩相比，它能夠攜帶更多的空對空與空對地武器，其隱身能力和電子設備保證在短期內能夠對它構成威脅的只有美國空軍的F-22「猛禽」，或者另外一架F-35。

　　對「加富爾」號來說，儘管也有一些敏感區域用凱夫拉保護，但它真正的防禦手段是電子設備。1941—1943年間，意大利海軍在艱苦的作戰中明白了雷達在夜戰中的「海上阻絕」作用。1944年春天，它也明白了電子設備很快就將成為「海上力量」的主導因素。40年代末，意大利海軍和一些私人企業開始進行一些革命性項目，來獲取未來電子戰的優勢。目標很遠大——但不現實。普遍的觀點是：戰爭失敗是因為缺乏必要的工業基礎，而不是缺乏知識。意大利的專家和科學家不得不將革命性飛躍的希望，從手工原型的製作轉

下圖：海上航行中的「加富爾」號，它的標準排水量為22290噸，滿載排水量27100噸。

移到規模化工業生產。這需要企業投身於防務事業，因為從長遠來看，知識的發展與單純的商業利潤是合不來的。

　　儘管很難實現，但這種轉型在20世紀40年代就已經出現了——内洛·卡拉拉建立的航海與航空雷達公司（SMA）。1951年，菲利普·弗拉塔洛基建立了意大利電子公司。他們的哲學是：不要讓物質限制住想像力，不斷探索技術極限。他們相信：未來任何海上衝突的主導因素都將是無線電——讓對手沒有機會接收其友方的信號、阻止對手收集干擾己方所需的情報。意大利電子公司的產品在1973年以色列與埃

下圖：「加富爾」號機庫內視圖，内部空間為134.2米×21米×7.2米，能夠容納8架固定翼飛機或12架直升機。

及、敘利亞的「贖罪日戰爭」中大顯身手。在這次衝突中，
以色列海軍利用其電子對抗措施的距離波門拖引干擾，將52
枚蘇聯製造的「冥河」飛彈送入海底（密集的機槍火力擊落
第53枚）。20世紀70年代早期，意大利海軍軍艦的反導防禦
能力比美國海軍還強大。在馬島海戰中，英國特遣艦隊將直
升機作為飛彈誘餌，這無疑凸顯了意大利海軍相對另一個電
子戰領跑者——英國皇家海軍，所具有的優勢。現在，意大
利電子公司向歐洲、中東、拉丁美洲和遠東地區的24支海軍
出售了2000套以上的艦載防禦系統，這更說明意大利在電子

上圖：「加富爾」號的
第二角色是兩棲攻擊
艦。從這個角度可以清
楚地看到滾裝坡道。

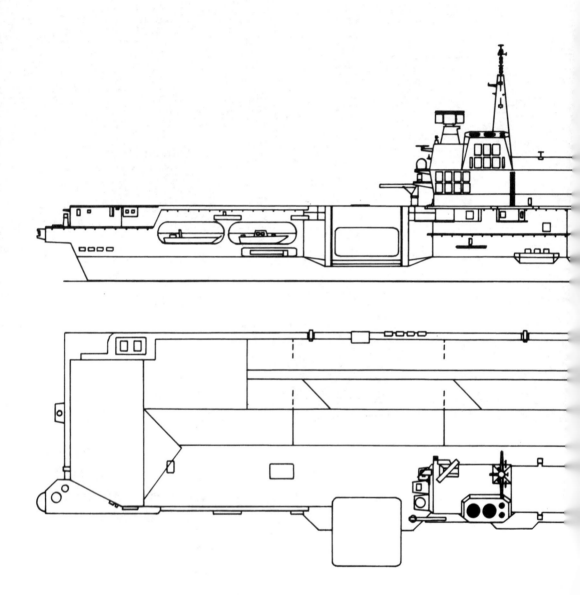

下圖：「加富爾」號的圖紙。

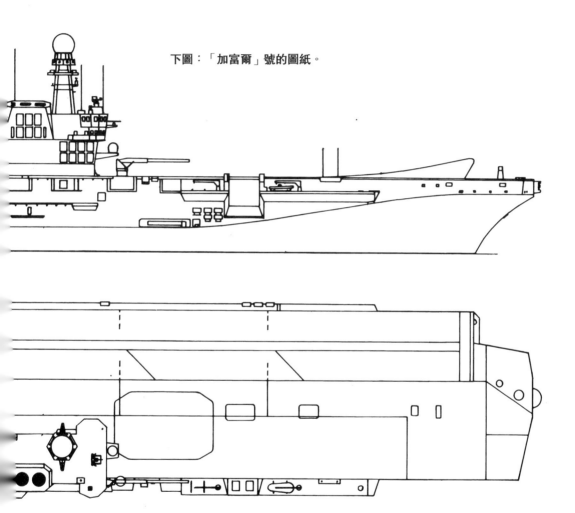

本頁圖：「加富爾」號艦島前方。SPY-790 EMPAR多功能雷達，控制著SAAM-IT防空系統，以及相應的「紫菀」15飛彈。

本頁圖：洛克希德‧馬丁公司製造的第5代戰機——F-35「閃電」II聯合攻擊戰鬥機5年後將會成為「加富爾」號的利劍。

左圖：初步測試時期拍攝的意大利海軍AV-8B「海鷂」飛機。在「加富爾」號服役的最初幾年間，該型飛機將為新型航空母艦提供最基本的打擊火力。

「加富爾」號航空母艦細節資料

建造信息：

開始建造	2001年7月17日
下水時間	2004年7月20日
交付使用	2008年3月27日
建造商	意大利芬坎蒂尼造船廠下屬的里瓦·特里戈索船廠和穆吉亞諾船廠

尺寸：

排水量	標準排水量為22290噸，滿載排水量27100噸
船身尺寸	244米×39米×8.7米，垂線間高215.6米
飛行甲板尺寸	232.6米×34.5米，12°的滑躍甲板
機庫尺寸	134.2米×21米×7.2米

武器系統：

飛行器	最多可搭載24架飛行器。典型的空中力量是，8架AV-8B「海鷂」飛機和12架EH-101直升機
飛彈	4座可發射「紫菀」15艦對空飛彈的「席爾瓦」8單元垂直發射器（成對佈置）
火炮	兩門奧托·梅萊拉公司生產的76毫米/L62速射炮（可以安裝，但不一定安裝），3門厄利孔公司的KBA防空炮
對抗措施	意大利電子公司的綜合性電子支持/電子情報/電子對抗系統（ESM/Elint/ECM），兩部20管SCLAR-H誘餌發射器，兩部SLAT魚雷防禦系統
探測器	1部SPY-790 歐洲多功能相控陣雷達（EMPAR），1部SPS-798 RAN-40L 3D D波段遠程對空搜索雷達，SPS-791 RASS RAN-30X/I水面搜索雷達及導航、空中管制陣列，1部SNA-2000探雷聲吶，SLAT魚雷防禦系統拖曳聲吶
作戰系統	意大利CMS公司開發的作戰系統。通信系統包括Link11和Link16，未來可升級為Link22

推進系統：

機械設備	燃—燃並列聯合裝置機械設備佈置，4台通用電氣公司的LM2500燃氣輪機，總功率為88兆瓦，為兩軸提供118000軸馬力的驅動力，6台2.2兆瓦柴油發電機
	最高速度28/29節，以16節的速度可航行7000海里

速度與航程	
其他細節：	可為1300人提供住宿
船上定員	100輛輕型車輛或50輛兩棲攻擊車或24輛主戰坦克。安裝了兩個60噸級滾裝坡道。還可搭載4艘車輛人員登陸艇
軍事運輸	

戰能力方面的領導地位。

　　「加富爾」號的「裝甲」就是意大利電子公司的「海王星」4100ECM系統。「海王星」4100包括兩套干擾天線子系統。該系統包括一個天線前端、一個干擾機天線單元和干擾源單元與控制、一個變壓器整流裝置和一套冷卻系統。新型「多里安」級驅逐艦也裝備了該系統。該系統採用的電子對抗戰術，為這些平台提供了主動電子防禦能力，能夠有效對抗終端飛彈攻擊和遠程指示雷達系統；採用範圍廣泛的電子對抗技術，能夠在水面軍艦交戰中對抗水面搜索和跟蹤雷達。ECM系統具備對多種威脅進行干擾的能力，其頻率範圍從H波段至J波段，靈敏度極高，還可以進行旁瓣干擾。ECM系統是一個完美的項目，能夠有效對抗編碼發生器的

上圖：「加富爾」號進行海試。

上圖：一部「席爾瓦」8單元垂直發射器，可發射「紫菀」15艦對空飛彈。該發射器位於右舷前部和船尾的突出部，略低於飛行甲板，成對佈置。

DRMF干擾信號。此外，它還具備高水平的戰備狀態（無需預熱），借鑒了意大利海軍使用其他類似系統的經驗，具有較高的可靠性和可維護性，便於艦載設備整合和安裝。

與「加里波第」號和西班牙的「阿斯圖里亞斯親王」號輕型航空母艦裝備的「海王星」系統相比，「海王星」4100可以說是新一代的技術，其主要特點是全固態設計，保證了很高的有效輻射功率。這種設計方案避免了移動式天線所遇到的系統冷卻問題。更能證明意大利電子戰能力高超的是，

歐洲戰鬥機也採用了這種系統（但僅有12個單元，而「加富爾」號有幾百個單元），這證明了意大利新一代電子戰系統的模塊化程度很高。

結論

「加富爾」號曲折的設計歷程證明，意大利的海上力量

下圖：意大利老舊的「西北風」級護衛艦。有人認為在「加富爾」號上的投資，延誤了水面艦隊更新。

不是局限於對馬漢海權學說的單純信仰，而是在苦難經歷的基礎上進化的。意大利海軍最重要的準則是靈活性。它的這一特點，貫穿於以往任何時期地中海地區發生的海戰。自1979年夏天突發的拯救越南船民任務以來——當時羅馬政府用了72個小時才作出決定，意大利海軍準則逐漸表現出實用主義傾向，即不受以往經驗和書本教條限制。之後幾十年意

右圖和下圖：「加富爾」號裝備了複雜的航空設施和作戰系統，而且具有較高的適航性——高級軍官起居室內部設施，按照民用舒適標準建造。但是它也招致了眾多頑固的反對者，特別是意大利空軍各級軍官。

大利海軍參與的作戰與維和行動表明，在保證行動靈活性方面，沒有軍艦能夠替代「加富爾」號——「加富爾」號的設計特點展現得淋漓盡致。簡而言之，意大利決定扭轉（甚至打破）以往建造低成本的小型軍艦的模式，轉而建造真正意義上的航空母艦，不是為了威望，而是出於需要。

一支海軍要裝備航母，所需的材料研發和人才培養，即使是在最有利的環境下，也需要幾十年。此外，荷蘭、澳大利亞和阿根廷的經驗表明，這種能力會在短短幾個月內丟失（通常是永遠丟失）。儘管裝備航母與節約公共財產之間存在著緊張關係，但眾多國家裝備航母的趨勢仍在繼續。日本13500噸的「日向」級直升機驅逐艦的上層建築就很像「加富爾」號的艦島，而其艦首則像意大利新時代的軍艦。同時，反對海軍擁有航空兵的聲音仍不絕於耳——通常來自空軍各級官兵。

儘管「加富爾」號性能良好，並對未來意大利海軍發展

下圖：2009年3月18日，「日向」號直升機驅逐艦服役。該艦是一艘直通甲板型直升機母艦，將作為日本護衛艦隊的一艘指揮艦。

起到關鍵作用，但它仍然被視為在錯誤的時間裝備的錯誤軍艦，或者在錯誤的時間裝備的正確軍艦。

這種爭論的出現，部分原因在於意大利水面艦隊實力很弱。世界經濟危機導致10艘新型長航時的歐洲多用途護衛艦的採購計劃擱置太久，至今意大利海軍在地中海和印度洋的日常巡邏仍然依賴8艘20世紀80年代建造的「西北風」級護衛艦。因此，批評者認為新的航母不過是「威望」的犧牲品，佔用大量的水兵；在他們看來，航母是阻礙海軍執行日常職責的絆腳石，無法執行反恐和反海盜任務。其他批評家則討論一艘航母所能發揮的作用（20世紀60年代二戰時的戰艦經現代化改裝的「朱塞佩·加里波第」號飛彈巡洋艦曾被戲稱為「白象」，現在這一外號又給了「加富爾」號），而現役的「加里波第」號艦齡越來越老，卻要執行更多的兩棲

任務，就像法國那樣。這將導致未來意大利海軍十年後僅剩一艘航母。長遠來看，台伯河畔的意大利海軍部將會出現呼籲裝備放大版「加富爾」號的聲音。甚至有人已經想好了名字——「切薩雷」，但結果難料。

然而，新軍艦最大的威脅來自競爭對手——意大利空軍。儘管意大利空軍仍然在歐洲戰鬥機的噩夢中掙扎，在工業、經濟和軍事方面都深陷泥潭，但是最近有報道指出，意大利空軍準備效仿英國皇家空軍的做法，以經濟原因為借口，控制海軍航空兵。這一舉措無疑是一石二鳥之計：不用付出任何代價就獲得了新型F-35B型戰鬥機，同時掩蓋了意大利空軍壓榨海軍兄弟的非法性。英國皇家空軍的企圖已經影響了英國皇家海軍航空母艦「伊麗莎白女王」號和「威爾士親王」號的未來；意大利空軍採取此戰略也會威脅到「加

下圖：F-35B聯合攻擊戰鬥機將是下一代垂直起降飛機。這種飛機共將生產3種型號，分別用於海軍、海軍陸戰隊和空軍。

富爾」號的未來。實際上，一些人已經開始討論賤賣此船，可能賣給印度，賣得的錢用來購買「更多的軍艦，或者更多飛機」。即便這一建議沒有得到政府或軍方的支持，卻足以證明意大利的航空母艦有很多頑固的反對者，他們罔顧歷史教訓，忽視意大利海軍擁有的航空母艦所展現出的力量和靈活性。

　　無論意大利海軍的航空母艦走上哪條路，「加富爾」號的設計起源和歷程證明，意大利海軍任何級別的官兵都樂於公開地探討海軍的準則和未來。無論是概念上還是材料上，「加富爾」號的後繼者都將採用創新的解決方案。同時它也將證明領導層的成功：將軍委員會向參謀長提議，但最終決定最合適的前進方向的是他們。因此，在意大利海軍穩步前

下圖：「伊麗莎白女王」號和「威爾士親王」號航空母艦的想像圖。由於交付時間推遲，可能要到2020年這幅圖片才能成為現實。

上圖和右上圖：「加富爾」號整體圖和細節圖。它為意大利海軍的航母作戰能力提供了力量和靈活性，也符合傳統的意大利海軍準則。

下圖：英國皇家海軍把未來海上空中力量的賭注壓在CVF航母和F-35B「閃電」II STOVL型戰鬥機上。這幅想像圖是一架F-35B在「伊麗莎白女王」號上降落。

進的歷史中出現的身影——從帆船到遠洋輪船，直到現在的航空母艦，在未來某一天，必然會在海上見到其後繼者。

上圖：英國皇家海軍「伊麗莎白女王」號航空母艦，從初始設計研究到服役將用去20多年的時間。

英國
「勇敢」號飛彈驅逐艦

2008年年底，一艘嶄新的45型驅逐艦——「勇敢」號交付英國國防部，這是多年來英國皇家海軍為其荒廢已久的艦隊添置的最重要的軍艦。2008年12月10日，在克萊德河畔的BVT水面艦隊造船廠蘇格吐溫船廠的典禮上，「勇敢」號的指揮官、大英帝國四等爵士——保羅·班尼特船長第一次在這艘新軍艦的甲板上升起英國皇家海軍白船旗。「勇敢」號及其姊妹艦將是世界上最強大的防空型軍艦之一。該級艦預計於2010年形成戰鬥力，與英國皇家海軍現役防空力量中堅——42型驅逐艦相比，將會有質的飛躍。

45型驅逐艦起源

馬爾維納斯群島戰爭清楚表明，皇家海軍在飛機與飛彈的飽和攻擊下十分脆弱。皇家海軍艦隊防空力量的中流砥柱——GWS-30「海標槍」飛彈系統，能夠有效對抗高空飛行的飛機，卻無法有效對抗低空飛行的飛機和阿根廷海軍稀有的空射型「飛魚」飛彈。在這次戰爭中損失的42型驅逐艦「謝菲爾德」號和「考文垂」號裝備了「海標槍」飛彈，卻無法對抗一支二流軍隊發起的飛彈與飛機攻擊，這尷尬地暴露了皇家海軍防空能力的缺陷。特別是42型驅逐艦所裝備的909型引導雷達無法保證同時對兩個以上的目標進行照射和開火，此外還有飛彈反應時間過長、對抗低空和近距離攻擊

下圖：新型45型驅逐艦為英國皇家海軍荒廢已久的艦隊提供了重要補充力量，「海蛇」飛彈系統為其提供了世界領先的防空能力。

的能力有限等缺點。最直接的改進方法是對現有的42型驅逐
艦進行升級改造，包括圍繞「海標槍」飛彈系統展開的一系
列性能改進和安裝「火神」密集陣近防武器系統。但是從長
遠來看，應當採取更全面的措施，這就是設計一種新型驅逐
艦以取代性能有限的42型驅逐艦，並裝備新型飛彈和雷達。

　　最初的防空艦設想是國際合作的NFR-90計劃，該計劃
是為20世紀90年代的北約海軍設計一種通用護衛艦。根據計
劃，加拿大、法國、德國、意大利、荷蘭、西班牙、英國和
美國將共同採購50艘左右的護衛艦。NFR-90設計研究進行
得極為緩慢，直至80年代末，該計劃因各參與國家的要求無
法協調而破產。此後一段時間，幾個參與這一計劃的歐洲國
家試圖形成新的聯盟，英國、法國和意大利一起設計「新

下圖：英國的42型驅
逐艦的「埃克塞特」號
（D89）。

一代通用護衛艦」（即「地平線」計劃），三國於1992年12月簽署備忘錄。根據計劃，最初的3艘艦（每國一艘）於1997年開始建造，2002年左右服役。

　　不幸的是，新的聯盟也有困擾。最初的問題是為主空飛彈系統（PAAMS）選擇哪種多功能雷達（PAAMS把偵察、目標指示/跟蹤和飛彈引導功能集成到一個單元）。法國海軍和意大利海軍堅持選擇歐洲多功能相控陣雷達（EMPAR）系統，而英國則認為「多功能電子掃瞄自適應雷達」（MESAR）系統的艦載版本——「桑普森」有源相控陣雷達技術更為先進。英國的方案將區域防空能力優先於抗飽和攻擊能力，這也是基於上面提到的馬爾維納斯群島戰爭給皇家海軍的教訓。最後，三個國家採取了將PAAMS設計為兼容上述兩種雷達的方式，並在此基礎上繼續進行防空系統的設計。接下來的爭論焦點集中於工業和管理結構——法

左頁圖和上圖：45型驅逐艦設計最初來源於「地平線」計劃，列入國家計劃後又逐步改進。這三張電腦想像圖顯示出1999—2001年的設計變化。

國和意大利採購的軍艦數量多，因此他們想要更多的工作份額。儘管該計劃在政治上得到了大力支持，但這些問題最終無法克服。因此，1999年4月英國宣佈不再參與「地平線」計劃（但並不退出PAAMS），轉而發展自己的新型45型驅逐艦。45型驅逐艦的設計延續了二戰後皇家海軍防空護航艦的序列——之前有20世紀50年代的41型「豹」級護衛艦、42型驅逐艦及後來被放棄的裝備增強型「海標槍」的43型和44型驅逐艦。

計劃要求

儘管45型驅逐艦主要設計目標是高規格的防空型軍艦，為艦隊提供區域防空能力，但「勇敢」號及其姊妹艦也是一種能夠在全世界範圍內執行各種任務的通用型軍艦。預算限制意味著無法立即安裝所有的設備；最初的計劃是建造12艘45型驅逐艦，分4個批次採購，每個批次都將根據增量採辦項目（IAP）的要求在前一批次能力的基礎上得到增強，因而預留了升級空間，具有很強的靈活性。45型計劃得到授權之時，便提出了9項關鍵用戶要求（KUR），清楚地表明要平衡專業功能和通用功能。具體要求如下。

• KUR1：主防空飛彈系統。45型驅逐艦要能夠在Y（保密數據）秒內對抗8枚隨機出現的超音速掠海攻擊飛彈，保護半徑6.5千

下圖：英國的42型驅逐艦共建成3批，第二批戰艦與最初的第一批戰艦類似，但使用了1套改進的傳感器組件，其中包括1022型遠程對空搜索雷達。第三批戰艦艦體加寬加長了。

米範圍內的己方單位免受打擊的概率為X（保密數據）。

• KUR2：部隊防空作戰態勢感知。45型驅逐艦要能夠對1000個空中實體進行空戰戰術態勢評估，每小時處理500個飛臨或飛離的空中實體。

• KUR3：空中管制。45型驅逐艦要能夠對至少4架固定翼飛機或為其配屬的同一通話頻率下的4組戰機提供近距離戰術管制。

• KUR4：飛行器操作。45型驅逐艦要能夠保證自身搭載的「灰背隼」（反潛型或通用型）和「山貓」MK8直升機的操作，當然，並非同時進行。

• KUR5：艦載特遣部隊。45型驅逐艦要能夠保證30名全副武裝的艦載特遣部隊士兵的作戰。

上圖：電腦製作的「勇敢」號驅逐艦的大致構造。「勇敢」號是45型驅逐艦中的第一艘，搭載1架「灰背隼」直升機。

右圖：「灰背隼」直升機，它最主要的任務是反潛作戰、運輸、搜索和救援。

下圖：韋斯特蘭德公司的「山貓」是最成功的輕型反艦、反潛直升機之一。英國陸軍將「山貓」改進成專門用於反坦克作戰的直升機。

- KUR6：海軍外交。45型驅逐艦要能夠迫使潛在對手服從英國政府的意願或進行廣泛的國際交流，展示114毫米中等口徑艦炮的存在（艦炮外交）。

- KUR7：航程。45型驅逐艦要能夠在得不到補給的情況下堅持20天，根據任務需要，至少航行3000海里、運行3天並返回起點。

- KUR8：發展潛力。45型驅逐艦要能夠升級改造，可以整合進新性能或將現有設備的性能至少提升11.5%。

- KUR9：可用度。45型驅逐艦要能夠在25年內維持70%的可用度，其中35%是在海上。

這一系列要求最終體現為700餘項功能與性能指標，這無疑是要建一艘昂貴的大型軍艦——更類似於英國皇家海軍60年代裝備的「郡」級驅逐艦，而非現役的水面艦艇。這些要求也給「地平線」計劃的準備工作帶來了很大的麻煩，導致英國與法國和意大利的分歧逐步增大。最終英國退出，而法國和意大利則決定繼續合作。儘管45型驅逐艦在外形上與法意合作的「地平線」有些相似，但推進系統和作戰系統是完全不同的。尤其是安裝了截然不同的多功能雷達之後，45型驅逐艦與其歐洲表姊妹「地平線」的區別就更加明顯了。

建造與設計責任

為了使45型驅逐艦的設計工作能夠在取得國家計劃後迅速開展，英國宇航系統公司（BAE）在1999年11月就被指定為主要承包商。2000年7月11日，12艘該級艦的前3艘得到初步的所謂「大門」批准。實際設計與建造合同在2000年12月簽署。在這個階段，有人猜測驅逐艦將採取競爭性投標，進行模塊化建造，最後的集成由克萊德河畔的BAE系統公司下屬加萬和蘇格吐溫船廠、VT集團在南海岸的船廠負責。但是，後來BAE系統公司試圖獨攬集成工

作，打亂了這一安排，並導致英國政府任命獨立的蘭德公司評估各種建造方法的優缺點。英國政府最終決定將預分配模塊由BAE和VT平分，最終的集成工作交給BAE。2002年2月簽署的第2批次3艘驅逐艦的合同也採取了這一策略。圍繞這一問題的爭議，無疑導致了整個計劃的延誤。修改後的任務安排在實際中運行良好，並最終把BAE系統公司和VT集團的造船廠合併為BVT。

45型驅逐艦的設計責任由BAE系統公司承擔，具體的設計工作由BAE系統公司在蘇格吐溫和菲爾頓（布里斯托爾）的海軍艦艇小組負責，緊密配合其設計工作的還有國防採購局下屬的45型驅逐艦綜合計劃小組和幾個重要供應商。除了VT集團，其他公司也參與了這一計劃，如勞斯萊斯公司和阿爾斯通公司提供推進設備，BAE公司下屬的因西特集成系統技術公司提供雷達和作戰管理系統，泰利斯公司整合通信設備，歐洲主防空飛彈系統聯合投資公司提

下圖：2007年8月，英國45型驅逐艦「勇敢」號進行海試時，一架「獵迷」MRA4原型機飛過它的上方。

供防空飛彈系統。

建造

　　2008年3月28日，「勇敢」號的第一塊鋼板在BAE系統公司的加萬船廠切割。根據建造策略，45型驅逐艦分為6個主要模塊建造。模塊A至模塊D，即從艦尾到艦橋，由克萊德河畔的BAE系統公司下屬加萬和蘇格吐溫船廠建造。VT集團樸茨茅斯船廠負責其餘兩個模塊，以及桅桿和煙囪。2004年12月加萬船廠建造的模塊A搬上了蘇格吐溫船廠的船台；2005年6月VT集團建造的模塊到位；2005年12月完成船體集成。

　　2006年2月1日，「勇敢」號在蘇格吐溫船廠311060碼頭下水。威塞克斯伯爵夫人出席了命名和下水慶典。「勇敢」號下水重量5222噸，是歷史悠久的亞羅船廠下水的最大艦艇，也是6年來進入克萊德河的唯一一艘英國皇家海軍軍艦。安裝煙囪、桅桿和上層建築在蘇格吐溫船廠的干船塢完成，並完成了各種武器系統的安裝和集成。在安裝程序開始前，大部分重要設備都完成了安裝前測試。因此，裝配工作成功達到預期目標，第一次海試於2007年7月18日如期開始。

　　該級艦後續5艘的建造策略稍有改變，即在加萬船廠完成船體集成和下水，在蘇格吐溫船廠完成最後裝配。最

下圖：**英國45型驅逐艦「勇敢」號。**

下圖：「勇敢」號進行海試時拍攝的照片。BAE系統公司設計的45型驅逐艦，顯然受到了英國此前參與過的「地平線」計劃的影響，但從整體佈局看，符合英國傳統，類似於以前的23型護衛艦。

上圖：「勇敢」號在不同的船廠進行模塊化建造。圖片拍攝於2004年12月，加萬船廠建造的模塊A搬上了蘇格吐溫船廠的船台。

初計劃建造12艘45型驅逐艦。但是由於英國國防預算向阿富汗和伊拉克作戰行動傾斜，而且許多國防裝備研究計劃的成本持續攀升，這意味著12艘的計劃不會實現。2004年7月頒布的《戰略防務評估》將45型驅逐艦的數量降至8艘，2008年6月又將這一數量減至6艘。該級艦最後一艘「鄧肯」號於2010年下水。

設計特徵

「勇敢」號滿載排水量7350噸，全長152.4米，是20世紀50年代「虎」級巡洋艦之後英國皇家海軍接收的最大的水

面護航艦，全尺寸與美國海軍的「阿利·伯克」級驅逐艦相當。決定其尺寸的主要因素是「桑普森」多功能雷達，為了擴大雷達探測範圍而增高吃水線以上的建築，為了保證穩定性而建造較大較寬的船體。PAAMS的另一個重要部分——發射「紫菀」艦對空飛彈的48單元「席爾瓦」垂直發射器體積和寬度較大，創新的整合式全電力推進（IEP）系統也需要較大的空間，這兩個因素的影響也很大。當然還有其他影響因素，如要求艦艇服役期內在不需要大規模改建的前提下，可以插入新的設備或性能、提高船員居住條件。

從外觀來看，「勇敢」號上存在著「地平線」計劃中的法國元素，特別是為了減少雷達反射面積而精心設計的上層

下圖：VT集團建造的船體前部模塊2005年夏天到位後，「勇敢」號的船體建造最終完成。

建築、盡量減少外部設備。但實際上，它並不是簡單地抄襲法國「拉法葉」級隱身護衛艦。從整體佈局來看，它更容易讓人想起英國皇家海軍以前裝備過的一款護衛艦——基本武器佈置集中（中口徑艦炮、PAAMS飛彈垂直發射器和「魚叉」艦對艦飛彈）於艦橋前方，這種佈局類似於以前的23型護衛艦。「勇敢」號一個很重要的特徵是將3個桅桿進行了整合。「桑普森」多功能雷達安裝在突出的前桅桿頂部一個魚缸似的雷達罩中，起輔助作用的S1850M遠程搜索雷達位於主要上層建築的後方。中部的主桅桿則安裝了通信設備，與艦艇內部通信系統相連。

　　「勇敢」號艦艇內部給人最深刻的印象是空間較大，與二戰前皇家海軍各型護航艦相比，隔間和走廊要寬敞得多。能夠做到這一點，在於45型驅逐艦船員規模小於以前的驅逐艦。較高的自動化水平意味著45型驅逐艦隻需要190多名船員；而其前任42型驅逐艦需要287名船員，體積卻比45型驅逐艦小。住宿設施是94個模塊化船艙，由達·芬奇服務公司在別的地點製造，最後在船塢中安裝於相應位置。軍官住單間，高階水手住單間或雙人間，低階水手住六人間。為了運

左頁圖和上圖：2006年2月1日「勇敢」號在歷史悠久的亞羅船廠下水時拍攝的一系列照片。「勇敢」號下水重量5222噸，據說是該船廠下水的最大艦艇。

送特種部隊，艦上還有額外的住宿設施，能夠擠下60名皇家海軍陸戰隊員。各級別官兵有自己的娛樂空間。可以說45型驅逐艦的生活條件是整個艦隊中最好的。

武器與作戰系統

作為艦隊的防空艦，45型驅逐艦的核心作戰能力當然是PAAMS防空飛彈系統。「勇敢」號及其姊妹艦裝備的PAAMS由多個模塊組成，主要部分有：

- BAE公司製造的「桑普森」多功能有源相控陣雷達；
- 法國DCNS製造的48單元「席爾瓦」飛彈垂直發射器；
- 歐洲飛彈集團（MBDA）製造的「紫菀」15和「紫菀」30防空飛彈；
- 歐洲飛彈集團的PAAMS指揮與控制系統。

儘管不能算做PAAMS的一部分，BAE公司將S1850M遠程搜索雷達也安裝在45型驅逐艦上，並使之與PAAMS系統緊

對頁圖：「勇敢」號在蘇格吐溫船廠的干船塢進行最後的安裝過程。可以看到，主要的武器和雷達系統已經安裝完成（圖由英國宇航系統公司提供）。

下圖：2009年蘭·斯特頓繪製的「勇敢」號圖紙，比例為1：700。

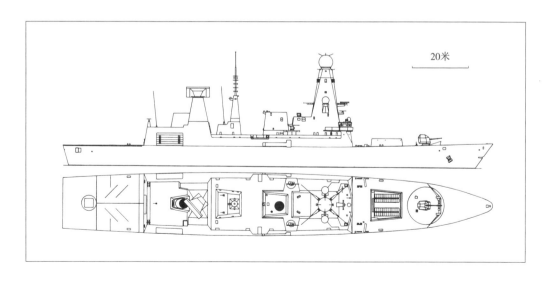

20米

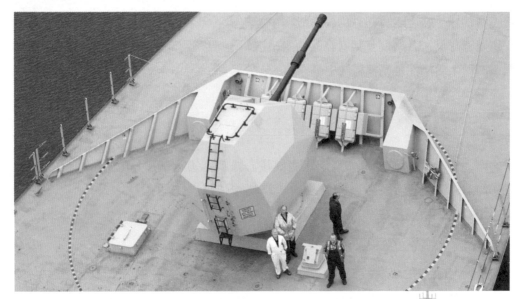

上圖：除了「海蛇」系統，「勇敢」號的基本武器還包括1門114毫米MK8 Mod 1中口徑艦炮。

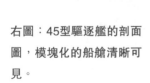

右圖：45型驅逐艦的剖面圖，模塊化的船艙清晰可見。

上圖：「勇敢」號的新型推
進系統在海試期間表現良
好，輕鬆超越28節的設計速
度，航速達到30節。

T45

下圖和對面圖：目前歐洲主防空飛彈系統（PAAMS）（如英國皇家海軍的「海蛇」）也是以精密雷達生成的戰術圖像為基礎，如法國的「福賓」號（2009年拍攝於阿拉伯海），EMPAR遠程電子掃瞄雷達安裝在前桅桿頂部。「紫菀」飛彈並不需要雷達照射，因為它有主動引導頭。宙斯盾或PAAMS指揮系統的一大優點是飛彈垂直發射，可以根據命令飛向任何方向，不會因為雷達照射或鎖定目標而導致發射延誤。

密相連。2009年1月28日，「勇敢」號首次到達樸茨茅斯母港，在慶典儀式上皇家海軍宣佈，將為其裝備「海蛇」艦對空飛彈。

「海蛇」最明顯的特徵是其所使用的「桑普森」雷達。「桑普森」雷達是新一代多功能有源電子掃瞄陣（AESA）雷達，將監視、目標跟蹤和飛彈引導集成於一個系統。與傳統的機械掃瞄雷達相比，「桑普森」雷達的電子掃瞄陣使用電子產生和發射雷達波束，因此可以同時對更大範圍內更多的目標進行跟蹤和開火。「有源」指的是雷達陣列的無線電頻率（RF）源的特徵，雷達的無數個接收和發射元件單獨供能。這與早期的無源電子掃瞄陣（PESA）雷達不同，如美國「宙斯盾」作戰系統的AN/SPY–1雷達，只能通過單一的能量源將能量注入雷達元件。儘管與PESA系統相比，AESA雷達更為複雜和昂貴，但更高水平的冗餘度使其不容易崩潰。「桑普森」沒有高壓高功率的微波零件和水冷系統，因此更容易安裝和維護。

「勇敢」號上的「桑普森」雷達的一大特點是安裝在

PAAMS「海蛇」防空飛彈系統
為45型驅逐艦提供了核心作戰
能力，而PAAMS的核心是BAE
系統公司的「桑普森」多功能
雷達。新一代「桑普森」有源
電子掃瞄陣雷達安裝在桅桿頂
部，保證兩個背靠背的雷達陣
列探測半徑最大化。對面及本
頁的照片拍攝於2007年7月18
日至8月14日「勇敢」號海試
期間，魚缸似的雷達罩清晰可
見。

D32

「勇敢」號驅逐艦細節資料

建造信息：

開始建造	2003年3月28日
下水時間	2006年2月1日
交付使用	2008年12月10日
建造商	BVT下屬蘇格吐溫、加萬和樸茨茅斯船廠

尺寸：

排水量	标准排水量为5800吨，满载排水量7350吨
船身尺寸	152.4米 × 21.2米 × 5.4米，垂线间高143.5米

武器系統：

飛彈	「海蛇」防空飛彈系統的發射「紫菀」30和「紫菀」15艦對空飛彈的「席爾瓦」8單元垂直發射器中的6個模塊，兩部四聯裝「魚叉」艦對艦飛彈
火炮	1門114毫米MK8 Mod 1中口徑艦炮，兩門20毫米、兩門30毫米「火神」密集陣CIWS（計劃安裝但尚未安裝）
魚雷	兩部雙聯裝324毫米反潛魚雷發射器
飛行器	一架「灰背隼」或兩架「山貓」直升機
對抗措施	泰利斯宇航公司的雷達電子支援措施系統，安裝於S1850M雷達上的IFF設備，RN公司的DLF「汽笛」和DLH「海蚊蚋」誘餌系統，2170型水面艦艇魚雷防禦系統
探測器	1部「桑普森」多功能雷達，1部S1850M遠程搜索雷達，水面搜索和導航陣列，1部2091型MFS-7000艦首聲吶，SSTD系統拖曳聲吶的一部分
作戰系統	BAE系統公司設計的CMS-1作戰系統。通信系統包括Link11和Link16，未來可升級為Link22

推進系統：

機械設備	IEP；兩台WR-21燃氣輪機；兩台2兆瓦「瓦錫蘭」12V200柴油發電機，總功率4兆瓦；兩部20兆瓦的「科孚德」先進異步電動機為兩個螺旋槳軸提供54000軸馬力的動力
速度與航程	設計最大時速28節（但第一次海試就成功超過了30節）。以18節的速度可航行7000海里

其他細節：

補充	190名船員，其中20名為軍官。可為235人提供住宿
級別	共訂購6艘，「勇敢」號（D32）、「無畏」號（D33）、「鑽石」號（D34）、「龍」號（D35）、「保衛者」號（D36）和「鄧肯」號（D37）

桅桿頂部的兩個背靠背的雷達陣列，以30轉/分鐘的速度旋轉，重量超過5噸，每個陣列都有2000個以上的獨立元件。儘管與由4個固定陣列提供360°覆蓋的AN/SPY-1宙斯盾或泰利斯公司的有源相控陣雷達（APAR）系統相比，「桑普森」雷達在機械方面更為複雜，但這一方案能夠降低總成本，而且由於安裝位置較高，擴大了雷達探測範圍。「桑普森」雷達工作頻率為2000～4000兆赫，E/F波段（美國海軍採用S波段），具有低頻系統的較大偵察距離和高頻系統的較強跟蹤能力兩大優點，據說其探測距離超過400千米。更為專業的S1850M雷達提供補充探測功能，該雷達是泰利斯公司的固態三坐標遠程（SMART-L）雷達的改進版本，工作頻率為1000～2000兆赫（D波段）。S1850M雷達還增加了敵我識別設備，而雷聲公司的敵我識別系統作為補充。

　　「海蛇」系統的第二個關鍵部分是MBDA製造的「紫

上圖：2009年3月，懸掛英國皇家海軍白船旗的「勇敢」號離開樸茨茅斯，繼續進行正式服役前的測試。儘管由於專注於防空能力而造成其他武器有些稀少，但是根據增量採辦項目的要求，以後也將增加其他性能。

菀」飛彈和「席爾瓦」垂直發射系統。每一艘45型驅逐艦
都裝備了「席爾瓦」A–50 8聯裝發射器的6個模塊，並保
留有額外的空間，如果需要的話剩餘兩個模塊也可以安裝
上。共備有48枚「紫菀」飛彈——短程的「紫菀」15或
遠程的「紫菀」30，連射時兩枚飛彈的發射間隙小於0.5
秒。「席爾瓦」 垂直發射系統正在開發發射其他武器的
能力——至少有「風暴陰影」對陸攻擊巡弋飛彈，但不包
括「戰斧」對陸攻擊巡弋飛彈。因此，如果決定利用剩餘

空間來提升作戰潛力，那就極可能要安裝美國MK41垂直發射系統。

　　「桑普森」和「紫菀」的結合，是為了提供多層防空能力——艦艇自身防禦，為夥伴艦艇提供區域防禦，為艦隊提供遠程防禦——保證軍艦在最危險的環境中存活。「桑普森」負責跟蹤有威脅的目標，並通過作戰管理系統與其他監視設備聯接，產生全空域圖像。進行防空作戰時，「桑普森」為飛行中的「紫菀」飛彈上傳目標的最新位置信息，它

下圖：在高速和機動的同時，「勇敢」號的推進系統也保證了較大的作戰半徑。例如，能夠以18節的速度航行7000海里，意味著從英國航行到馬爾維納斯群島，燃料還有富餘。

至少能夠同時控制10枚飛彈。「紫菀」飛彈的主動雷達導引頭完成「射殺」最後階段的引導，具有專利權的氣動飛行控制和徑向推力矢量技術（PIF-PAF）將常規空氣動力控制和徑向推力矢量完美結合，能夠有效提高飛彈在末段擊毀新型「螺旋式」反艦飛彈的概率。據說「紫菀」30遠程飛彈的射程達120千米，比「紫菀」15飛彈多了個體積較大的助推器。「紫菀」15飛彈的有效攔截距離為1.7～30千米，能夠完成自身和區域防空任務。

將PAAMS接入「勇敢」號CMS-1作戰管理系統的指揮與控制子系統，具有幫助指揮官實現武器最優化的功能。BAE系統公司設計的CMS-1是一種基於雙冗余局域網的可擴展、完全分佈式系統，為各種多功能控制台服務：從與以太網數據傳送系統（DTS）聯接的戰術數據服務器，到艦艇的探測器和武器。根據23型護衛艦使用經驗而研製的45型驅逐艦，能夠配屬於各種尺寸的艦艇，小到巡邏艇，大到航空母艦。例如，「克萊德」號近岸巡邏艇只有1個控制台，而「勇敢」號的控制台達25個以上。整合進火炮控制和數據鏈以後，CMS-1能夠支持各種任務，如戰術圖像彙編、威脅評估、武器分配和殺傷評估，戰術數據鏈——Link11、Link 16和Link 22已經安裝或者將要安裝，實現了與其他盟軍平台的信息共享。美國開發的協同作戰能力（CEC）會在2014年後安裝在該級所有6艘艦上。

由於45型驅逐艦專注於防空能力，因而對「勇敢」號這種尺寸的驅逐艦來說，其他武器顯得有些少。但是根據增量採辦項目（IAP）的要求，以後將增加其他性能。基本武器有1門114毫米MK8 Mod 1中口徑艦炮、兩門用於消滅近距離威脅的30毫米火炮、能夠容納一架「灰背隼」HM Mk 1或兩架「山貓」HMA Mk 8直升機的機庫。電子對抗設備有RN公司的DLF「汽笛」和DLH「海蚊蚋」誘餌系統，另有泰利斯宇航公司的雷達電子支援措施系統作為補充。超級電子

公司在EDO公司為巴西海軍提供的一種聲吶的基礎上開發的MFS-7000艦首聲吶,為「勇敢」號提供探測潛艦和水雷的能力。除了以上提到的升級手段外,未來可能的改進措施有安裝152毫米主艦炮、密集陣近防武器系統、反潛魚雷發射器和水面艦艇魚雷防禦系統。

推進系統

除了世界領先的防空能力之外,「勇敢」號還有另一項創新——它是第一艘安裝符合軍用標準的整合式全電力推進系統的大型水面戰艦。全電力推進此前只安裝於客輪

下圖:45型驅逐艦能夠容納一架AW-101「灰背隼」或兩架「山貓」直升機。圖為「勇敢」號飛行甲板上的一架「灰背隼」直升機。

和輔助艦，通過電動馬達將動力系統的動力傳送給螺旋槳軸，避免了複雜的機械傳送。採用全電力推進後，所有的推進和輔助用電（如武器系統和住宿需要）都由通用動力單元提供電力，極大地提高了靈活性。

「勇敢」號的動力系統包括兩台25兆瓦（降為21.5兆瓦）的羅爾斯‧羅伊斯WR–21中間冷卻和回熱（ICR）燃氣輪機，兩台2兆瓦「瓦錫蘭」12V200柴油發電機。它們將電力傳送給兩個高壓配電板；配電板通過高壓變電器將電力分配給艦上各個系統，通過兩個推進器帶動20兆瓦的「科孚德」先進異步電動機；最後由異步電動機驅動兩個螺旋槳軸。設計時速28節，但第一次海試就成功超過了30節。

下圖：羅爾斯‧羅伊斯WR–21中間冷卻和回熱（ICR）燃氣輪機是「勇敢」號創新的整合式全電力推進系統的核心。

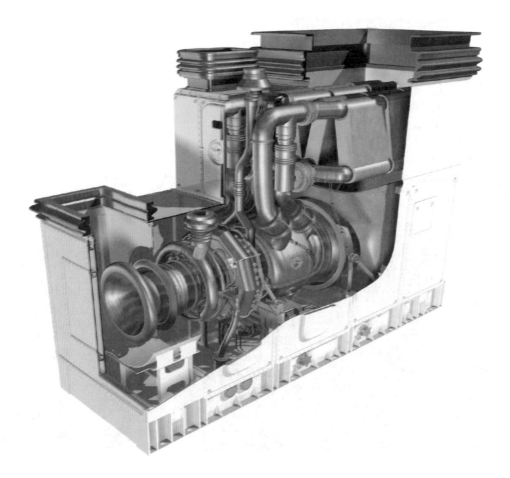

通過與諾斯羅普—格魯曼海事系統公司和羅克韋爾自動化公司設計的艦艇平台管理系統聯接,法國科孚德設計的電力系統還可以實現對系統的控制和監視。除了常規機械控制室,艦艇平台管理系統還可以聯接艦艇網絡的各個接入點。這有利於戰時偵察和損害管制。

全電推進是「勇敢」號推進系統的主要創新,WR–21燃氣輪機有很大的技術提升。這種燃氣輪機來源於諾斯羅普—格魯曼、勞斯萊斯和法國艦艇建造局為美國海軍聯合開發的一個項目。它具有將熱氣回流以降低功率範圍內燃料消耗的能力,產生較低的熱信號特徵。WR–21在海試期間表現良好。該系統能夠大大降低整個壽命週期內的使用成本,也是45型驅逐艦實現7000海里航程的關鍵因素。

下圖:「勇敢」號裝備了BAE系統公司的CMS–1作戰管理系統。使用Windows軟件,這種基於雙冗余局域網的可擴展、完全分佈式系統,為各種多功能控制台服務:從與以太網數據傳送系統(DTS)聯接的戰術數據服務器,到艦艇的探測器和武器。該網絡還支持平台管理系統整合和損害管制。

損害管制

　　根據馬爾維納斯群島戰爭的痛苦教訓，皇家海軍將有效的損害管制放在優先位置。「勇敢」號的設計充分體現了這一點。艦艇分為4個基本區域，方便損害管制；每一個區域都有顏色醒目的儲物櫃，內裝能夠處置火、水、電和其他損害的設備。所有的重要設施，如設備控制室、機械控制中心甚至廚房的佈局都完全一樣，這樣一來，上面提到的接入點擴展網絡能夠根據未受損區域的情況有效指導損害管制。

不同區域間的通道安裝了窗簾，可以阻止煙飄到其他區域。「勇敢」號的艦體防護很少公開披露，據推測有可能使用「凱夫拉」複合裝甲保護敏感區域，如設備控制室，其位於主甲板上比較暴露的地方，在艦橋和桅桿之間。其他措施可能有：把布線通道等纏繞艦身外圍佈置，形成雙側保護，這樣也可以減少震動損害。

造價

得到初步批准之時，6艘45型驅逐艦的最高可接受成本是54.75億英鎊，力爭降到50億英鎊。這個數字包含了設計評估階段花掉的2.32億英鎊。再減去15億英鎊的研發成本，每艘艦的造價大約5.82億英鎊。

不幸的是，45型驅逐艦與其他大型防務計劃一樣，面臨著嚴重的成本超支。由於英國國家審計署的疏忽，英國國防部和承包公司最初對艦艇建造所需的材料和時間過於樂觀，在45型驅逐艦和PAAMS飛彈系統的設計都不成熟的基礎上制訂計劃。例如，第一份合同簽署時承辦商團隊尚未形成，而前3艘的造價就已被確定，一旦PAAMS等關鍵設備交付時間滯後，英國國防部的財政就會出現缺口。這一缺陷又被糟糕的計劃管理和監管放大。結果2007年計劃總造價升至64.64億英鎊（包括評估階段的2.32億），平均每艘艦的造價達6.49億英鎊。此外，最初建造策略所導致的延誤，也是「勇敢」號落後計劃服役時間36個月的重要因素。

讓人稍感欣慰的是，英國作出了許多保證計劃穩步推進的努力，影響最大的是2007年6艘艦艇合同的協商非常成功。從那時起至2009年中，再也沒有出現成本超支或交付延誤的報道。「勇敢」號的服役時間是2009年，落後計劃近4年。

左圖：與其他電子元件一樣，有源相控陣雷達的發射—接收模塊越來越小，越來越便宜。新加坡的「無畏」號護衛艦也裝備了「紫菀」飛彈和法國的「武仙座」有源相控陣雷達。它採用的是混合方式，Tx/Rx矩陣可以發出一種或多種波束，但是只由一個電子透鏡操縱。圖為2009年7月拍攝的新加坡「無畏」號護衛艦。

測試和服役

　　全新的設計，加上安裝了大量創新的裝備，「勇敢」號
要經受各種測試。其實，在2007年7月18日首航以前，「勇
敢」號的一些關鍵設備已經在陸地上進行過測試。2004年，
建造完工的海上集成和支持中心（MISC）安裝在波斯陶山
上俯瞰樸茨茅斯港。MISC圍繞著作戰管理系統和PAAMS的
關鍵部分，如「桑普森」和S1850M雷達，實現了艦艇作戰
系統在上艦之前的兼容。

　　海試主要分為兩個階段，第一階段由BVT船廠負責，
第二階段由皇家海軍負責。在2007年7月至2008年9月進行
的第一階段海試又可以分為3個獨立階段：完成結構、推進
系統以及雷達和通信系統的測試。這一階段完成後，要達

下圖：2007年7月18
日，「勇敢」號駛離克
萊德河進行第一階段的
海試。儘管使用了大量
新技術，但對大多數設
備進行提前測試有效地
降低了風險。

到關鍵用戶要求的KUR7、KUR8和KUR9。2008年12月完成合同簽收，2009年1月16日懸掛英國皇家海軍白船旗的「勇敢」號駛離克萊德河，28日抵達樸茨茅斯母港。第二階段海試要檢測所有關鍵用戶要求。「勇敢」號最初計劃於2009年夏天服役，但就目前來看，服役時間不可能早於2011年初。

「勇敢」號的測試與PAAMS飛彈系統的測試平行進行。PAAMS飛彈系統的測試在模擬45型驅逐艦的「長弓」號駁船上進行。2008年6月4日，該系統的第一次開火按計劃完成，用「紫菀」30飛彈攻擊模擬飛機的靶子。2009年2月4日完成第二次測試，用「紫菀」15飛彈攻擊模擬反艦飛彈的近距離靶子。2009年年底在「長弓」號上進行下一步測試。在真正的45型驅逐艦上使用「海蛇」系統的時間不會早於2010年，該級艦的第2艘「無畏」號可能會接受這一光榮任務。

比較和結論

「勇敢」號的設計和採購過程並不順利，但最終結果還是令人滿意的。儘管它集成了大量的新技術，但目前進行的海試表明：在建造開始前或進行中，進行各種設備的風險測試很有必要。因此，「勇敢」號很有可能超過計劃授權時制定的關鍵用戶要求目標。

與其他的軍艦進行橫向比較時，因為不同國家的不同戰略和戰術目標會影響軍艦設計，因而「勇敢」號應該與歐洲的防空艦進行比較，尤其是上面提到的NFR-90計劃的後繼者。這些軍艦可分為三類，包括法國和意大利共同進行的「地平線」計劃的成果——「福爾賓/安德烈」級「多利亞」號護衛艦、荷蘭或德國裝備泰利斯公司的有源相控陣雷達系統的軍艦，以及西班牙安裝宙斯盾作戰系統和AN/SPY-1雷達的F-100級護衛艦。

在這三種軍艦中,「地平線」的設計最接近「勇敢」號,二者有很多相似之處。但由於「地平線」採用了性能較差的EMPAR多功能雷達,因而其不大可能承擔區域防空任務,作出這種決定不是出於軍事考慮,而是照顧本國企業。不過這樣可以降低生產成本,EMPAR還將用於意大利新型多任務護衛艦。德國和荷蘭合作開發的一系列性能相對均衡的短航程軍艦,所使用的APAR 8000～12000赫茲I/J(X)波段多功能雷達和用於遠程偵察的SMART-L搜索陣列,具有

下圖:「勇敢」號很可能超過了45型驅逐艦的設計目標。圖片拍攝於2008年9月第一階段測試工作即將完成之時。

優秀的跟蹤和操控性能。由於使用了美國「標準」和改進型「海麻雀」飛彈，反導性能可能不及「紫菀」，但美國正在研發的戰區彈道飛彈防禦能力可以彌補這一短板。最後，西班牙F-100級護衛艦採取了低風險路線，直接購買美國成熟的宙斯盾系統。這可以讓西班牙受益於美國海軍對宙斯盾系統進行的升級工作，獲取其使用經驗。西班牙還成功地將這一型軍艦賣到澳大利亞和挪威。

總而言之，「勇敢」號及其姊妹艦為皇家海軍提供了必要的補充。與其他國家的軍艦相比不落後，並可以通過IAP進行升級。儘管由於國防預算導致採購數量減半，但它們與新型未來航空母艦和「機敏」級潛艦一道，將英國皇家海軍推向了世界海軍的前列。

美國
「自由」號瀕海戰鬥艦

2003年3月美國海軍作戰部長弗農·E.克拉克上將在一次採訪中，將瀕海戰鬥艦形容為「海軍最大的轉型和第一優先預算」。他熱衷於這種只有3500噸的小型軍艦。這種戰艦的排水量只有「提康德羅加」級宙斯盾巡洋艦的三分之一。「瀕海戰鬥艦並不只是加強我們的航母攻擊群和遠征攻擊群的海上優勢，」克拉克解釋道，「還是未來聯合後勤、指揮和控制、支援岸上部隊的預備艦艇。」

美國海軍資料對瀕海戰鬥艦的描述是：一種小型、快速、相對便宜、操縱性強的水面戰鬥艦，能夠安裝模塊化「即插即戰」任務包，如各種空中、水面和水下航行器。核心船員40人；根據不同的任務包和搭載的飛行器，船員可達75人。沒有安裝任務包的瀕海戰鬥艦就像一輛空卡車，這是其「海上架構」稱呼的來源。與美國海軍的宙斯盾巡洋艦或驅逐艦等多用途軍艦不同，瀕海戰鬥艦是「專注於任務」的軍艦——根據任務安裝不同的任務包，每次只完成一種主要任務。該級艦目前的主要任務有：水雷戰/反水雷措施；反潛戰；反水面戰。為了加強作戰的靈活性和敏捷性，根據美國海軍的計劃，瀕海戰鬥艦的任務能力可以通過更換任務包而重新設定，據說可以在24小時內完成任務包的更換。美國海軍可能需要55艘瀕海戰鬥艦，從數量上而非質量上達到313艦隊的目標。

在2009年1月的海軍水面艦隊協會年會上，美國海軍作戰部長加里·拉夫黑德代表海軍對其新型軍艦作出了評價：「在一天即將結束時，我一直在觀察是什麼東西讓戰鬥出現最大的變化；對我來說，瀕海戰鬥艦就是這種東西。它具有符合時代的性能。它的模塊化、開放式結構和人員最少化，給了

我們更多的靈活性；它的速度和較淺的吃水可以把我們帶到必須去的地方。它是一艘隨時準備完成各種不同任務的軍艦。」

計劃概述：從第一份合同到現在

經過閃電般的篩選過程，5家工業集團參與了這一計劃。2003年7月17日，美國海軍將第一份固定成本合同交給了通用動力、洛克希德‧馬丁公司下屬的海軍電子與監視的水面系統公司、雷聲集成防務系統公司帶頭的團隊，讓其完

下圖：2008年8月，「自由」號在密歇根湖接受建造商的測試。瀕海戰鬥艦計劃被稱為美國海軍最大的轉型，是在數量上達到313艦隊的目標的關鍵。

成瀕海戰鬥艦 Flight 0階段的最初設計。包括基本的船身、機械和電氣（HM&E）海上架構——可重組和根據任務變化的任務模塊在此之後進行。「瀕海戰鬥艦被設計為一種在近海和近岸地區作戰的高速軍艦，」美國海軍在一份聲明中稱。瀕海戰鬥艦的特點是先進的船身結構，吃水淺，能夠在近海地區以40～50節的速度航行……在近岸地區作戰，瀕海戰鬥艦能夠輔助多用途水面戰艦，如計劃中的「朱姆沃爾特」級驅逐艦、新一代巡洋艦CG(X)，以及現在的宙斯盾戰艦。

2004年5月27日，海軍將兩份合同分別給予兩個工業團隊——一個由洛克希德·馬丁領導，另一個由通用動力領導，分別建造兩個版本的瀕海戰鬥艦，每個團隊各建造兩艘瀕海戰鬥艦。這兩種艦的設計完全不同：洛克希德的特點是

下圖：2008年8月，「自由」號在密歇根湖接受測試時拍攝的照片。在近岸地區作戰，LCS能夠輔助多用途水面戰艦，如計劃中的「朱姆沃爾特」級驅逐艦、新一代巡洋艦CG(X)，以及現在的宙斯盾戰艦。

半滑行全鋼單船體，而上層建築為鋁制；通用動力的特點是全鋁的三體船船體和上層建築。洛克希德團隊負責建造LCS-1和LCS-3（LCS-3後來被取消），通用動力團隊負責建造LCS-2和LCS-4（LCS-4也被取消了）。洛克希德的LCS-1由威斯康星州馬里內特的馬里內特海事公司建造的，可能的建

上兩圖：兩種瀕海戰鬥艦設計完全不同。洛克希德的特點是半滑行全鋼單船體，而上層建築為鋁制；通用動力的特點是全鋁的三體船船體和上層建築。

造夥伴還有路易斯安那州洛克波特的波林格船廠，一旦產量提升，該船廠也會分一杯羹。2009年3月23日，美國海軍發給洛克希德·馬丁公司一筆固定成本激勵獎金合同以重啟LCS-3——該艦由馬里內特海事公司建造，該合同還包括再建造3艘類似「自由」號的瀕海戰鬥艦。同時，通用動力正在阿拉巴馬州莫比爾的奧斯托爾船廠建造自己的瀕海戰鬥艦。

但是這一計劃並非沒有爭議和關注，特別是在成本上。美國國會研究處海軍分析員羅納德·奧羅克說，美國國會曾在2005財年至2008財年間批准了7艘瀕海戰鬥艦海上架構的國防預算。但是由於成本上升和建造延誤，美國海軍於2007年重新制訂了瀕海戰鬥艦計劃，取消了其中4艘。2008年美國海軍又取消了一艘——2008財年只為1艘瀕海戰鬥艦撥了款——因為國會在2009財年國防預算中抹去了瀕海戰鬥艦的撥款。

美國海軍最初估計，按照2005財年的美元水平，LCS海上架構的後期成本為每艘2.2億美元（「後期成本」是計算

本頁圖：2009年春天於美國亞歷山德里亞拍攝的「自由」號。它較大的上層建築可以為各種無人航行器及其支持系統提供足夠的內部空間。通信天線可以將它獲取的戰術圖像傳給其他軍艦。「自由」號在瀕海戰鬥艦中算是較大的。由於具有搭載無人系統和收集戰術圖像的能力，「自由」號就不僅是瀕海戰鬥艦了。碼頭上展示了兩種無人航行器原型——左側的水面艇和右側的無人駕駛半潛式掃雷設備。左側的水面艇可以投放吊式聲呐。這兩種無人航行器本身沒有價值，但是可以提供各種戰術圖像。二戰時這種任務只能由大量昂貴的有人駕駛艦艇完成。

美國軍艦總採購成本的數字。它指的是軍艦採購成本,而不包括以後的檢修成本)。奧羅克指出,同時進行兩種設計導致了瀕海戰鬥艦海上架構採購成本的上升。2005財年對LCS-1的後期成本估算為2.155億美元,2009財年的預算增加到5.31億美元;2005財年對LCS-2的後期成本估算為2.137億美元,2009財年的預算增加到5.07億美元。美國海軍2010財年預算申請顯示,加上舾裝作業、艦艇交付、「最終系統設計/任務系統和艦艇集成工作」等額外成本,LCS-1的全部採購成本大約為6.31億美元,LCS-2則為6.36億美元。這一數字可能還要增長。

美國國會將2010財年的「成本上限」定為4.6億美元,但這一上限可能不得不更改。2009年6月參議院軍事委員會的聽證會期間,新任海軍部長雷蒙德·馬布斯說:「我們向這個目標努力,前景還算現實。」但他同時也

左圖和下圖：2004年5月27日，海軍將兩份合同分別給予洛克希德·馬丁和通用動力領導兩個工業團隊，建造兩個版本的瀕海戰鬥艦。作為一種全新的概念，該艦的交付時間相對較快，但是造價超過預期，引來不少爭議。

指出，4.6億美元的成本上限「不大現實」。馬布斯稱，海軍會在秋天找出更好的方法解決2010財年和後續艦艇的成本問題。

這個成本上限還沒有把額外費用和任務包計算在內。奧羅克稱美國海軍希望以每個6800萬美元的價格採購24個水雷戰任務包，每個4230萬美元的價格採購16個反潛戰任務包，每個1670萬美元的價格採購24個水面戰任務包。

2008年10月，負責採購、技術和後勤的副國防部長約翰·楊，提出了另一種完成2009財年和2010財年軍艦採購的策略。這一策略就是最大限度地利用2009財年採購和2010財年可選擇（海軍已經申請了2010財年購買3艘LCS

下圖：LCS-1設計的固定式易操縱噴水推進器是保證其高速機動的關鍵。

的經費）經費，把壓低造船廠報價作為成本控制的關鍵。
實際上，未來採購策略最主要的問題在於美國海軍是否會
在兩種LCS設計中二選一。2009年4月18日的圓桌會議訪談
中，約翰‧楊副部長稱美國海軍以後不會同時大量採購兩
種LCS。

　　「自由」號2008年11月交付使用，現在已經完成了服役
前的測試。2009年年中，一些海軍官員討論過加速LCS首次
部署的可能性。當時通用動力的全鋁三體船「獨立」號仍在
建造之中，預計年底前完工。最初兩艘艦將以加利福尼亞州
聖迭戈為母港。

下圖：通用電器公司製作
的瀕海戰鬥艦概念圖。

對頁圖：「自由」號用於起降直升機和無人機的大型飛行甲板提高了任務靈活性。

下圖：2004年5月27日，美國同通用電器公司簽訂了生產瀕海戰鬥艦的合同。瀕海戰鬥艦是一種新型網絡化戰艦，具有快速、靈活的特點，擁有特種作戰能力。

概念起源

作為美國海軍未來水面艦隊的一員，瀕海戰鬥艦要在近海地區擊敗敵人的反介入威脅。它按照開放式系統架構設計，具有模塊化的武器和傳感器系統，所配備的各種有人或無人航行器，能夠擴大作戰空間和海軍的打擊範圍。美國海軍正在研發或已經部署的「專注於任務」的任務包，能夠為強行介入、爭奪公海/近海優勢、本土防禦等任務提供關鍵作戰能力。作戰概念要求瀕海戰鬥艦可以根據任務需要而重新組裝，不但可以在母港完成任務包的更換，在前線也可以完成。

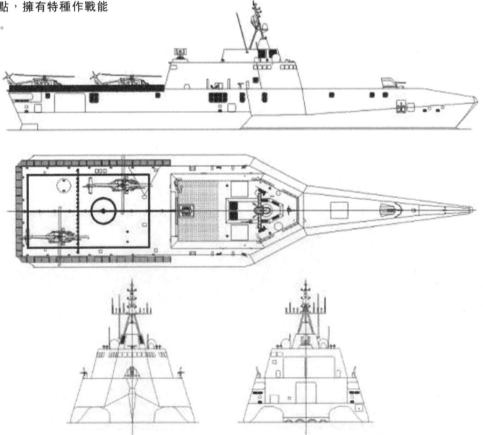

對頁圖：2008年8月28日，「自由」號在密歇根湖進行海試時拍攝的照片。瀕海戰鬥艦起源於冷戰期間的小型高速艇，20世紀90年代進一步發展。無論安裝何種任務包，「自由」號都要能夠在世界上任何地區獨立部署。

下圖：「自由」號的側視圖。為了消滅近海地區的威脅，該艦是一種可以根據任務需要安裝不同任務包的「海上架構」。基本的任務包主要關注反潛戰、反艦戰和反水雷戰。

即便不安裝任務包，「自由」號及其姊妹艦自身也具有支持情報、監視和偵察、特種作戰和海上攔截的能力。「能夠從母港出發到世界上任何地方部署和作戰」。2009版《海軍作戰部長海軍計劃指導》解釋道，「瀕海戰鬥艦具有高速、持久力強和海上補給能力，既可以獨立作戰，也可以與航母攻擊群、水面戰鬥群和遠征攻擊群並肩戰鬥」。

「自由」號概念起源於20世紀80年代中期。時值冷戰巔峰期，美國海軍在投入幾十億美元建造核動力航空母艦、核潛艦和9800噸的宙斯盾飛彈巡洋艦的同時，也在考慮建造小型高速艦艇，以便在數量上實現世界範圍內的前沿存在和執行危機響應任務。1985年，美國海軍為小型高速艦PXM制訂了高水準的作戰要求，後來又進行了為期3年的小型高速隱身艦研究，稱為「偵察戰鬥艦」，可以根據不同的任務改造為不同的型號。90年代亞瑟·K.布洛斯基海軍中將的「街頭霸王」和其他先進小型軍艦概念，都與海軍的「下一代」軍艦概念有相似之處。「街頭霸王」是1999年海軍戰爭學院全球兵棋推演的一個角色，凸顯了對抗近海威脅的可組合軍艦

的價值。此後18個月中，相關研究和分析仍在繼續。最終，海軍戰爭研究司令部和國防高級研究計劃局要求下一次兵棋推演時仍然設定此種角色——小型高速可組合/模塊化軍艦，與外接系統相連，對抗近海地區敵人的反介入威脅。

　　2000年，一系列海軍戰役分析、演習和試驗使得建造一種專門執行近海作戰任務的小型高速隱身軍艦的呼聲日益高漲。2001年1月，美國海軍稱反潛、反水雷、反水面能力還存在部分空白，無法確保美國海軍介入近海地區。2002年美國海軍進行了一系列研究、分析、兵棋推演和試驗，以尋找填補這一空白的技術，探索安裝這些系統的最佳平台，這最終催生了瀕海戰鬥艦。除了375艦隊（後來降為313艦隊），分析家們還在美國海軍21世紀海上力量戰略的白紙上勾畫出遠征攻擊群的概念，由55艘瀕海戰鬥艦、112艘現代化巡洋艦和驅逐艦，執行21世紀海上力量概念中的作戰任務。

　　瀕海戰鬥艦計劃正式開始於2001年11月1日，美國海軍稱將開始「未來水面戰鬥艦計劃」，作為下一代水面戰艦大家庭的一分子。2002年5月，《美國國防計劃指導方針》要求海軍把瀕海戰鬥艦列入下一期計劃，明確LCS的作戰概念

下圖：2009年蘭・斯特頓繪製的「自由」號圖紙，比例為1：700。

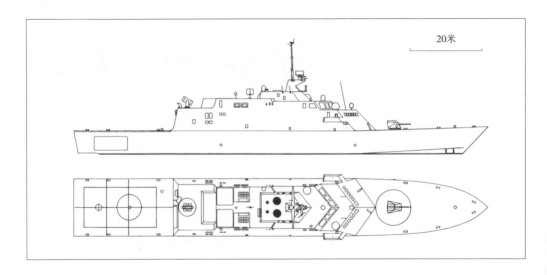

20米

「自由」號詳細資料

建造信息：

開始建造	2005年2月1日
下水時間	2006年9月23日
交付使用	2008年9月18日
建造商	洛克希德・馬丁公司負責系統集成，是主承包商。
	造船商是位於威斯康星州馬里內特的馬里內特海事公司（意大利芬坎蒂尼—勘蒂里造船廠承建其中一部分）

尺寸：

排水量	滿載排水量3089噸
船身尺寸	115.3米×17.4米×4.1米

武器系統：

飛彈	1部RAM Mk49 21聯裝發射器，可發射RIM–116旋轉彈體飛彈
火炮	1門57毫米MK110 機關炮
飛行器	兩架MH–60R/S「海鷹」直升機，或者1架MH–60和3架「火力偵察兵」垂直起降戰術無人機
對抗措施	WBR–3000電子支援/電子情報系統，兩部軟殺傷武器系統/箔條誘餌發射裝置
探測器	1部歐洲宇航防務集團（EADS）的TRS–3D空中/海面搜索/目標指示雷達，導航陣列
作戰系統	COMBATSS–21作戰管理系統，開放式架構使其可以兼容各種任務模塊，集成通信套裝

推進系統：

機械設備	柴燃聯合動力。兩台總功率72兆瓦的勞斯萊斯MT30燃氣輪機，兩台總功率12.8兆瓦的費爾班克斯・莫爾斯公司的柯爾特—皮爾斯蒂克16PA6B柴油發動機。最大機械輸出113710馬力，採用羅爾斯—羅伊斯「卡米瓦」153SII噴水推進器
速度與航程	設計最大時速40節（海試時超過了47節）。以18節的速度可航行3500海里

其他細節：

補充	可為75名船員提供住宿。核心船員少於50人，另有25～30人根據任務而定
級別	已經訂購了另外一艘艦「沃斯堡」號，後續艦有待計劃而定

和需要。瀕海戰鬥艦海上架構Flight 0階段主要是艦體、機械和電子方面,以海軍的幾艘實驗艦為基礎,如「合資企業」號高速運輸船、美國海軍研究辦公室的X-craft高速雙體船等,並參考了外國海軍和海岸警衛隊的小型戰鬥艦,降低了船身結構、推進系統和材料的風險。

2009年3月在瀕海戰鬥艦計劃國會聽證會上,海軍水面和近海作戰軍官將瀕海戰鬥艦船體結構稱為「海上架構」和「螺旋式」任務包的組合,即能夠根據技術和威脅的變化作出快速、持續和經濟性的響應,有效利用開放式結構,「即插即戰」。2002年美國國防部備忘錄中首次提出「螺旋式」設計,文中提到「國防部在為用戶選擇成熟技術時,更願意選擇可升級的方案。這樣有助於未來的性能改進」。在螺旋式研發過程中,性能要求可以確認,但計劃開始時並不知道

下圖:LCS-1的一個特點是可以發射和回收小船的尾滑道,非常適合特種部隊使用。

最終的要求。這些要求在演示和風險管理中逐步完善；持續
進行用戶反饋；每一次改進都要為用戶提供最可靠的性能和
最合理的價格。

關鍵設計要求

敵人的反介入威脅——裝備各種反艦武器的靜音潛艦、
可以通過各種平台部署的水雷、小型水面艦艇，都將挑戰
近海地區的美國海軍部隊。柴電和先進的不依賴空氣的潛艦
很安靜，能夠在水下工作很長時間，簡直就是智能機動式水
雷。精密的水雷價格低廉，並可以通過各種平台部署，1984
年利比亞在紅海和蘇伊士灣的佈雷行動證明了這一點。2003

下圖：儘管「自由」號
是圍繞模塊化任務包概
念建造的，但其也有自
衛系統，圖中是57毫米
Mk110艦炮。該艦炮射
速220發/分鐘，射程9英
里。

年的海灣戰爭水雷沒能扮演重要角色，但1991年伊拉克水雷對聯軍的作戰行動產生了很大影響，兩艘美國軍艦觸雷退出戰場，計劃中的兩棲攻擊被取消。安裝飛彈、火炮或高爆炸藥的小型高速水面戰艦或小船也會形成較大威脅，會被很多國家或非國家組織採用，2002年「科爾」號軍艦被襲便是例子。

因此，美國海軍將3種戰事劃為「自由」號的舞台：探測、規避甚至使水雷失效；打退小型水面艦艇或小船的進攻；對抗近海地區的潛艦威脅。

要從母港出發到世界上任何地方部署和作戰，瀕海戰鬥艦就必須具有高速、持久力強和海上補給能力，既可以獨立作戰，也可以與航母攻擊群、水面戰鬥群和遠征攻擊群並肩戰鬥。最初設計要求有：最高速度50節，持續航行3500～4300海里，良好的適航性和低速穩定性，隱身性能，能夠搭載有人和無人飛行器、水面和水下航行器。這給工程師出了不少難題。

美國海軍的作戰概念要求「自由」號和後續艦作為現有的或計劃中的近海作戰能力的「力量倍增器」，有效利用成熟的網絡、外接系統和平台技術的進步。瀕海戰鬥艦部隊將會是：

- 分散部署，這與單艘多功能艦艇形成鮮明對比；
- 設計模塊化，任務靈活性，創新的最佳船員組合；
- 按照開放式結構設計；

- 在戰術和作戰上，與常規的兵力投送部隊相互補充；
- 能夠綜合和推動各個軍種的信息收集與定位功能。

此外，「自由」號能夠更高效地完成常規任務：支援特種作戰部隊；海上攔截作戰；護航；人道主義援助和災難響應，後勤，醫療保障和非作戰人員撤離。完成這些任務需要一種續航時間長、高速、運載能力強、適航性好和可根據任務組合的平台。瀕海戰鬥艦部隊正是這種多任務平台，隨時可以執行兵力投送任務。與其讓造價幾十億美元的宙斯盾巡洋艦和驅逐艦執行反海盜巡邏，不如派「自由」號這種任務專一的戰艦去。約翰·楊在2008年4月的採訪中說：「應該阻止造價幾十億美元的驅逐艦在恐怖分子的天堂裡登艦檢查

下圖：「自由」號在密歇根湖進行海試時拍攝的照片。

小船。」

「自由」號在近海地區的行動特點是高速、敏捷、集成外接系統、生存能力強、隱身性能好。自我維持能力強,其具備的續航力,使其能夠在沒有海上補給和母艦支援的地區作戰。美國海軍要求瀕海戰鬥艦的航程在3500海里以上,確保從一個戰場到另一個戰場的快速轉移。

2009年美國海軍和海軍陸戰隊投資研發了專門的任務包,如特種作戰和水面火力支援。儘管任務包多種多樣,但是對瀕海戰鬥艦的核心系統的要求是一致的:在任務區域內,通過多種傳感器執行搜索、探測、識別、定位和跟蹤任務。瀕海戰鬥艦的核心能力還有保護自身免受小型艦艇攻擊,方法有:高速機動、警告和開火。

下圖:除了自衛系統和任務包,高速機動也是瀕海戰鬥艦的重要性能,特別是擔任反艦任務時。值得注意的是,設計時加入了隱身性能和軟殺傷能力。

模塊化任務包概念

執行反水雷戰、反水面戰和反潛戰3個領域的任務時，模塊化任務包是「自由」號和「獨立」號的核心，為其提供基本的作戰能力。這些任務包可以定義如下：

- 瀕海戰鬥艦任務包：任務模塊船員+支援飛行器+任務模塊。
- 任務模塊：任務系統+支援設備。

水雷戰任務包可以使「自由」號通過艦載或外接系統完成反水雷任務，無論反水雷區域是深水區還是近海淺水區。「自由」號將能夠：

- 探測和識別漂雷、錨雷和沉底水雷，選擇出安全水域。
- 在沒有專業的水雷戰指揮和控制平台時，利用自身設備協調/支援任務的計劃和執行。水雷戰任務的計劃包括如何使用自身和遠程探測器。可以交換相關戰術信息，如水雷危險區域、水雷位置、水雷型號、環境數據、海底地圖、外接系統位置、計劃中的搜索區域和可靠係數。
- 執行水雷勘察任務。
- 繪製海底地圖。
- 利用外接系統執行雷區通過/突破任務。
- 利用外接系統執行掃雷任務。
- 為反水雷提供水雷的精確位置數據，如識別海底的水雷和非水雷物體。
- 執行水雷壓制任務。
- 為反水雷任務所需的MH-60S直升機提供平台和支援。
- 爆炸物處理分隊。
- 部署、控制和回收外接系統，處理外接系統獲取的數據。

反水面戰任務包可以使「自由」號具備攻擊水面威脅

（特別是小型高速艦艇）的能力，降低其對己方艦艇的威脅。「自由」號將能夠：

- 通過艦載和外接探測器進行水面監視任務。
- 在艦艇密佈的環境中，分辨和識別己方與中立的艦艇。
- 協調反水面任務的計劃，提供和接收戰術全景，攻擊水面威脅。在協調的反水面環境中，它能夠提供和分享態勢感知。在與其他反水面成員（如固定翼飛機、攻擊直升機和海上巡邏機）配合時，為反水面任務執行計劃和協調工作。
- 在其他己方部隊的配合下，具備獨立與水面威脅交戰的能力，包括視距內和視距外的威脅。除了硬殺傷能力，還可利用敏捷高速性能、隱身性能和軟殺傷手段干擾敵方水面艦艇的探測和交戰能力。
- 部署、控制和回收外接系統，處理外接系統獲取的數據。
- 為反水面任務所需的MH–60直升機等小型旋翼機提供平台和支援。
- 與水面威脅交戰後，進行反水面戰鬥損傷評估。

反潛戰任務包可以使「自由」號具備在近海作戰環境中對潛艦進行探測、識別、定位、跟蹤和交戰的能力。它還將搭載執行反潛任務的多用途直升機或無人機、水下監聽系統、環境模型和數據庫。「自由」號將能夠：

- 執行攻擊性反潛任務。必須具備在其搜索/監視區域內阻隔或擊沉潛艦的能力，阻塞重要節點。
- 執行防禦性反潛任務。必須能夠挫敗敵方潛艦對己方航母、遠征攻擊群或瀕海戰鬥艦中隊的攻擊，必須具備阻隔或擊沉企圖攻擊己方艦艇的潛艦的能力。
- 協調反潛任務，提供和接收水下全景。在協調的反水雷環境中，它還能夠提供和分享態勢感知、進行戰術控制。
- 在艦艇密佈的環境中執行反潛任務的同時，提供水面全

景。

- 對淺水環境或隱藏於海底的柴電潛艦進行探測、識別、定位、跟蹤。
- 劃定水下監聽範圍和反潛搜索計劃。
- 利用艦載或外接系統進行水下監聽。
- 在近海地區，利用隱身性能和軟殺傷手段對抗和干擾敵方水面艦艇的探測和交戰能力。
- 利用拖曳式設備或外接系統晝夜進行反潛部署、控制、回收，處理外接系統獲取的數據。
- 為反潛任務所需的MH-60R直升機提供平台和支援。
- 與水下威脅交戰後，進行反潛戰鬥損傷評估。

上圖：2005年7月27日，第14反潛直升機中隊的一架SH-60F「海鷹」直升機準備在「小鷹」號航母上著艦。

　　瀕海戰鬥艦可以搭載兩架直升機或無人機。MH-60「海鷹」直升機——專門執行反水雷任務的「60S」型，專門執行反水面和反潛任務的「60R」型，以及MQ-8B「垂直起降無人飛行器」和艦載光電/紅外線傳感器，將延長瀕海戰鬥艦的觸角。

瀕海戰鬥艦任務模塊

反水雷戰「阿爾法螺旋」模塊		反水面戰「阿爾法螺旋」模塊	
無人駕駛水面艦艇	1	非直瞄飛彈發射系統	4
無人駕駛水面掃瞄系統	1	30毫米「大毒蛇」火炮系統	2
遠程多任務航行器	2	反潛戰「阿爾法螺旋」模塊	
艦載空中與水面影響系統	1	無人駕駛水面艦艇	1
空中水雷中和系統	1	遠程多任務航行器	2
空中水雷激光探測系統	1	USV拖曳線列陣聲吶系統	1
AQS-20獵雷聲吶	3	USV投吊式聲吶	1
快速空中水雷清除系統	1	外接多種靜態聲源	1
陸地戰場偵察和分析系統	1	多功能拖曳線列陣聲吶系統	1
		遠程拖曳式聲源	1

工業團隊和設計特點

負責設計和建造「自由」號的是洛克希德·馬丁團隊，團隊成員有吉伯斯&克思公司、馬里內特海事公司、波林格船廠、唐納德·L.布朗特合資公司、西班牙R公司、意大利芬坎蒂尼造船廠、NAVATEK造船公司、德國布洛姆·福斯公司、Angle公司、美國艦艇理事會股份有限公司、BBN技術公司、查特斯技術服務公司、DRS技術公司、微觀分析與技術公司。洛克希德·馬丁公司通過所謂的「廣泛開放式商業模型」，利用「行業最佳」技術，得到了美國國內和國際公司的幫助。

洛克希德·馬丁團隊的「自由」號海上架構Flight 0設計，預留了大量的組合空間；集成了艦載航行器發射、回收和處理系統；具有大型飛行甲板；任務模塊和支持設備可以

下圖：2005年7月25日，諾斯羅普—格魯曼公司生產的MQ-8B「火力偵察兵」垂直起降戰術無人機正在測試機載MK66型2.75英吋火箭彈。

快速更換，以滿足任務的靈活性。半滑行全鋼單船體具有高速、高載荷、長航程的優點，保證了瀕海戰鬥艦執行各種任務的靈活性。為了便於水中航行器的發射和回收，「自由」號可以在船尾和船側的吃水線附近發射水中航行器，安裝的指揮與控制系統可以支持任何模塊的使用。採用技術成熟的探測器和武器系統，可以保證戰鬥力和任務靈活性。該艦還裝有多層自衛系統。

　　「自由」號吃水淺（僅4.25米），依靠噴水推進，與美國海軍現役水面艦艇相比，能進入世界上更多的港口和近海水域。儘管「自由」號長度大於足球場長度，它能夠在高速行駛時在半徑為8個艦身長度的圓圈內完成360°轉彎，從啟動到全速只需兩分鐘。這種設計結合了高速機動性和適航性，為船員提供了良好的操縱和作戰環境。

下圖：未來DDG(X)級驅逐艦採用輕型復合隱形材料，代表著海軍的未來。同DDG(X)級驅逐艦一樣，採用新興技術的巡洋艦和護衛艦也正在設計研製之中。

該項目的開發也推動了美國海軍在開放式結構和通用指揮和控制上的投資,這有助於加強美國海軍水面艦艇和美國海岸警衛隊快艇之間的通用性。例如,COMBATSS-21作戰管理系統的軟件95%取自於美國海軍成熟的開放式結構項目。開放式結構使艦艇在服役期內可以快速插入高性價比的技術,進行螺旋式開發,可以快速整合新性能,如傳感器、通信設備和武器。此外,瀕海戰鬥艦和海岸警衛隊的國家安全巡防艦使用相同的火炮武器系統。「自由」號的集成通信套裝將潛艦的通用無線電室引入水面艦隊,增強了海軍內部的通用性。「自由」號的整合式艦橋管理系統將數字化海圖與艦艇傳感器整合在一起,提高了艦艇航行的安全性。

「自由」號的尾滑道便於在航行中完成大型硬底船的發射和回收,如硬體橡皮艇或特種部隊的高速艇。獨特的側門

下圖:2008年4月,新加坡海軍「可畏」級飛彈護衛艦「堅定」號正在配合美國海軍1架SH-60B「海鷹」直升機進行著艦試驗。

是第二個發射回收點，既可以發射和回收小型航行器，又可以完成海上補給、加油和任務模塊更換。通用型3軸橋式起重機系統用於保障外接航行器的發射、回收和處理。

建造和交付

2005年6月2日，「自由」號的龍骨在馬里內特海事公司鋪設。其他的里程碑有：

- 2006年9月23日，下水和命名。
- 2007年10月11日，自動化尾門、尾滑道和側門成功完成調試，證實了發射和回收系統的可靠性；
- 2008年3月17日：發電設備「點火」，測試4台意大利芬坎蒂尼公司的「艾索達・芙拉西尼」750千瓦柴油發電機和另外3台3兆瓦電力設備，測試包括檢驗每一台發電機最大發電量。這一步成功完成後，發電機和艦艇的建造同步平行進行，其功率水平可以滿足海上作戰的要求。這是「自由」號的重要里程碑，發電設備為以後的測試、評估和海上作戰提供了保障。
- 2008年6月4日，完成了海試前的最後準備——雙燃氣渦輪推進引擎成功「點火」。兩台羅爾斯—羅伊斯MT30燃氣輪機是美國海軍裝備的最大、最強勁的燃氣輪機——每台功率36兆瓦（48000馬力），它們驅動著噴水推進器，使LCS-1的最高速度達到50節。
- 2008年6月16日，成功完成了關鍵作戰系統——雷達、艦炮系統、飛彈發射器、誘餌發射器、電子戰系統和COMBATSS-21作戰管理系統——的集成。在集成測試中，探測和跟蹤隨機目標以檢測操作性。
- 2008年7月10日，完成了系泊試航前的最後準備——成功完成了推進設備的測試。這也是試航前的最後測試。系泊

試航包括對推進、導航、通信和其他系統的測試，以檢驗艦艇是否能夠開始海試。

- 2008年7月28日，第一次「下海」—— 密歇根湖。這標誌著它開始了承包商的海試。
- 2008年9月18日，交付美國海軍，意味著隨艦船員開始作投入使用和正式服役前的準備；
- 2008年11月8日，投入使用，並開始海試。這標誌著該艦的最終完成。

與美國海軍大型軍艦，尤其是「聖·安東尼奧」號相比，「自由」號良好的前期表現扭轉了海軍的形象。美國海軍檢查與測量委員會（INSURV）在驗收試航中，稱其「性能良好，建造出色，隨時可以檢閱」，並建議海軍作戰部長以後在接收艦艇時，要注意材料缺陷。該委員會在

下圖：創作於1996的一幅關於新型兩棲船塢運輸艦的概念作品。這一作品後來變成了「聖安東尼奧」級兩棲船塢登陸艦，是當前遠征攻擊大隊的組成兵力之一。

「自由」號上只發現了21處缺陷，與同級艦相比，這個數字非常小。之後，「自由」號從威斯康星州的造船廠轉移到諾福克海軍基地，船員要在那裡完成最後的測試認證和任務包集成測試。

2009年5月底，美國海軍完成了「自由」號的最後測試，「自由」號駛離諾福克海軍基地。測試包括驗收艦艇的推進系統、通信系統和導航系統，以及其他技術驗證。

下圖：建造中的「自由」號。有特色的鋁製甲板艙，建成後下降至相應位置。

上圖：2006年9月23日，「自由」號（LCS-1）下水進入美諾米尼河。

測試非常順利，以至於2009年6月美國海軍軍官開始研究LCS-1在正式開始執行任務前進行短期部署的可行性，原計劃正式開始執行任務是在2012財年。美國海軍作戰部長當然希望第一艘LCS盡早部署。但是這一可行性尚待研究，如果成真，那麼瀕海戰鬥艦首艘艦原本應在加利福尼亞州巴拿馬城的海軍水面作戰中心進行的任務模塊試驗，就要在「自由」號的母港聖迭戈進行了。儘管「自由」號最初計劃在環太平洋地區部署，但海軍作戰部長希望「自由」號加入第151聯盟特遣部隊，以應對索馬里海域的海盜威脅。

操作概念：「自由」號的「混合型」水手

美國海軍對「自由」號的要求是：變化是必要的，但瀕海戰鬥艦要易於操縱和維護。因而，美國海軍認為有必要給「自由」號和下一代軍艦配備新型水手。新技術是新設計的基礎，因而需要年輕的水手具備執行多種任務和操作先進電子系統的能力。美國海軍的經驗表明，只把先進的技術塞入軍艦或飛機而不關心它們對使用者的影響，是不行的。對於瀕海戰鬥艦的設計研究，美國海軍

和防務公司一直都很注重人機結合。這要綜合考慮人體工作效率與所採用的技術、系統策略、流程和訓練，做到在正確的時間使正確的人掌握正確的技能。

除此之外，還要考慮成本。軍隊在保證關鍵作戰能力的同時，也要降低現在的（甚至以後的）維護成本，軍艦的設計、建造、採購、操作、維護和銷毀總成本的70%與船員有關。為了達到最佳人員配置，艦艇的操縱、維護和作戰所需的人員要正合適，美國海軍發現傳統的人員配置已經不適合「自由」號這種先進的軍艦了。自上而下的分析表明，新型軍艦需要跨職能的軍官和水手，他們要具備操作多種設備的能力，而不是僅專業於電子系統、推進系統或者做飯。因此「混合型」水手的概念出現了——下一代軍艦上的男女水手要具有多種不同技能。

下圖：「自由」號的操作概念得到了極大關注，專門為其設計了綜合岸基訓練器——未來水面戰艦－擴展岸基訓練設施。圖中是艦橋和作戰系統仿真器。

例如，瀕海戰鬥艦上的50人核心船員更像是美國海軍特種作戰部隊的海豹分隊，而不是傳統軍艦的金字塔形船員結構。每個海豹隊員都有自己專門的技術和責任，但是其他隊員受傷或犧牲時，他也要能夠頂替重要位置。美國海軍正是這樣要求瀕海戰鬥艦核心船員的。

這一想法也影響了美國海軍其他部隊的訓練。這需要艦載系統具有數據收集機制，保證指揮官能夠迅速評估和跟蹤船員的準備情況。還要有恢復性訓練和作戰模擬設備，使個人和團隊能夠根據任務變化進行相應的訓練，當訓練與作戰一樣時，才能使水手在變化的環境中、巨大的壓力下仍可以操作自如。

　　為了滿足這些要求，2007年春天洛克希德·馬丁公司向美國海軍交付了第一套瀕海戰鬥艦綜合岸基訓練器——未來水面戰艦—擴展岸基訓練設施（FSC-SSBT）。該設施可以讓「自由」號和洛克希德·馬丁公司設計的後續LCS的船員在登艦前的仿真訓練中，學會作戰系統和設備操作技能。2007年5月「自由」號的第一批船員開始接受FSC-SSBT訓練。

　　支持美國海軍瀕海戰鬥艦操作概念的FSC-SSBT採用了可重複使用軟件、一體化仿真技術、虛擬環境技術和商業硬件。FSC-SSBT的艦橋仿真器可以讓船員「模擬」駕駛瀕海戰鬥艦，做各種機動。任務控制中心與瀕海戰鬥艦的實際尺寸相同，水手們可以在此使用艦艇的COMBATSS-21作戰管理系統的操作軟件。FSC-SSBT還支持美國海軍的「藍色和金色」船員配備概念——一組船員受訓，而另一組船員實際操作。在訓練設施上熟悉了瀕海戰鬥艦環境後，「自由」號的船員可以把更多的時間用於在職培訓。

未來發展

　　美國海軍制訂了雄心勃勃的長期計劃，要採購55艘瀕海戰鬥艦，很大一部分採用「自由」號的設計。

　　除了美國海軍，美國海岸警衛隊以及國外海軍也對瀕海戰鬥艦感興趣。例如，2006年4月，美國海軍與洛克希德·馬丁公司簽署了一份對外軍售合同，研究向以色列海軍出售瀕海戰鬥艦的可行性。洛克希德·馬丁公司稱要根據以色列海軍的需要，對設計作出部分修改，特別是HM&E系統如何與以色列海軍的作戰系統兼容。2007年11月又簽訂了另一份合同，研究LCS-I（I代表以色列）的技術細節和採購成本。LCS-I作戰系統綜合了以色列和美國的多種探測器和武器系統，如Mk-41垂直發射系統、輕型

版本的宙斯盾SOY-1F雷達、「颱風」火炮和「巴拉克」飛彈。但是2009年6月底，有報道指出以色列海軍不再對瀕海戰鬥艦感興趣，很大程度上是由於成本問題。但也有消息稱，仍有幾個國家的海軍對瀕海戰鬥艦感興趣，因此該艦可能成為「世界軍艦」。

下圖：其他國家的海軍也對瀕海戰鬥艦感興趣。這種改進型瀕海戰鬥艦裝備了宙斯盾SPY-1F雷達和飛彈垂直發射系統。

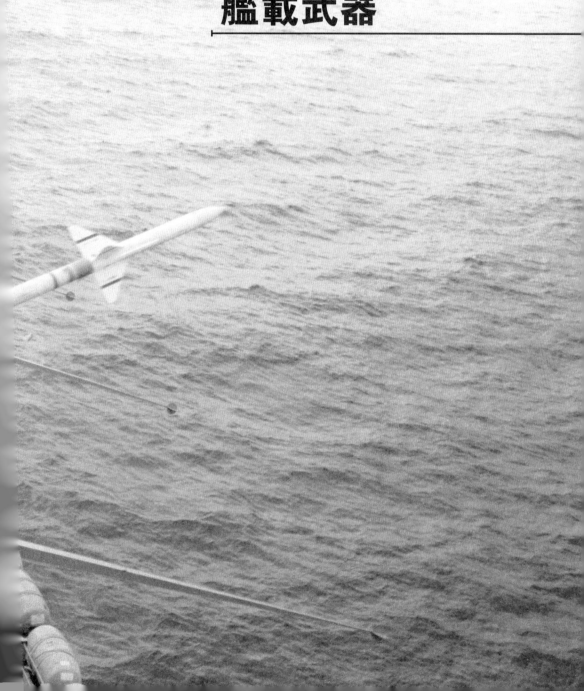

艦載武器

海軍「響尾蛇」要地防空飛彈

　　海軍「響尾蛇」（Crotale）要地防空飛彈由地面發射的「響尾蛇」飛彈系統發展而來，被艦船用作自衛飛彈，對付飛機、直升機和飛彈的中空、低空和掠海攻擊；緊急情況下，還可以用來對付水面目標。標準的海軍「響尾蛇」8S要地防空飛彈系統包括1個炮塔，上面安裝有兩部共軸設備（一部位於集裝箱發射器內，載有8枚待發R.440N型飛彈，另一部支持火控雷達和紅外跟蹤系統）、1個電子數據處理艙掩體和作戰中心內的1個操作員控制台，負責管理系統和發出開火命令。較新型的海軍「響尾蛇」飛彈系統，可以部署在排水量低於500噸的艦艇上，安裝1座八聯裝海軍「響尾蛇」（8MS）或四聯裝海軍「響尾蛇」（4MS）發射架。海軍「響尾蛇」飛彈系統收到艦船傳感器的指令後，雷達就會

下圖：「拉斐特」級護衛艦安裝了海軍「響尾蛇」CN2型飛彈系統（八聯裝飛彈發射架），發射最新的VT-1型飛彈。

搜索和跟蹤目標。由1部改良的瞄準線設備引導飛彈。無論是飛彈還是其他掠海目標都通過紅外技術進行追蹤。接近目標後，內部帶有延時裝置的近炸引信引爆彈頭，爆炸產生的碎片集中攻擊目標最脆弱的部位。法國海軍曾把海軍「響尾

上圖：1枚R.440N型飛彈從八聯裝海軍「響尾蛇」飛彈發射架中飛射出去。

技 術 規 格

海軍「響尾蛇」（R.440）

機身尺寸：彈長2.89米；彈徑0.15米；翼展0.53米

重量：彈重85千克（187磅）；彈頭15千克（33磅）近炸引信高爆破片

性能：最大速度2.3馬赫；對付直升機或非機動目標射程0.7～13千米（0.43～8.08英里），對付機動目標射程0.7～8.5千米（0.43～5.28英里），或對付掠海目標射程0.7～6.5千米（0.43～4.04英里）；作戰極限4000～5000米（13000～16405英尺）

上圖：「喬治‧萊格」號驅逐艦停泊在貝魯特碼頭。8發「響尾蛇」飛彈發射架及其相關的雷達系統清晰可見。

蛇」飛彈系統安裝在「喬治‧萊格」級和「圖爾維爾」級驅逐艦以及「拉斐特」級護衛艦上，而沙特阿拉伯海軍則購買了海軍「響尾蛇」8MS型飛彈系統，並將其安裝在4艘「麥地那」級護衛艦上，該級護衛艦在法國製造，於20世紀80年代中期交付。

最新型的海軍「響尾蛇」飛彈系統是CN2型和NG型飛彈系統，分別配備24枚和16枚飛彈，部署在「拉斐特」級和阿曼的「卡希爾」級艦船上。這些飛彈是美國製造的VT-1型飛彈，它們與最初的R.440N型飛彈一樣，利用半自動雷達和紅外制導設備引導瞄準線設備，攜帶14千克（30.9磅）重的近炸引信彈頭，射程13千米（8.1英里），速度3.5馬赫。

上圖：「瑪舒卡」飛彈最初是一種相對簡單的波束導引飛彈，後來不斷發展，一度成為複雜的半主動雷達制導飛彈，射程50千米（31英里）。

「瑪舒卡」中程區域防空飛彈

　　「瑪舒卡」飛彈於20世紀50年代中期研製，是一種中程、固體燃料推進的海軍區域防空飛彈，在法國設計和製造，部署在特遣部隊和航空母艦護航艦船之上。僅有3艘法國艦船安裝過這種飛彈和雷達系統，分別是「科爾貝爾」號巡洋艦和「狄蓋斯」號、「休弗倫」號飛彈驅逐艦。每艘艦都安裝了1部3D監視雷達、1部武器制導系統、2部獨立火控雷達和1座由48發彈倉供彈的雙聯裝發射器。利用波束引導指揮瞄準線設備的「瑪舒卡」Mk 2 Mod 2型飛彈已於1975年被淘汰；而安裝1部半自動雷達探測器的「瑪舒卡」Mk 2 Mod 3型飛彈仍在服役。目前上述艦船全部已經退役了。

　　通過一部固體推進劑助推器，可以使飛彈速度在不到5

技術規格

「瑪舒卡」Mk 2 Mod 3型飛彈

機身尺寸：彈長5.38米，助推器長3.32米；彈徑0.406米，助推器直徑0.57米；翼展0.77米和助推器翼展1.5米

重量：彈重950千克（2094磅）；助推器1148千克（2531磅）；彈頭100千克（220磅）近爆引信高爆炸藥碎片

性能：最大速度3馬赫；射程50千米（31英里）；作戰極限30000～23000米（100～75460英尺）

秒的時間內達到3馬赫左右，屆時助推器脫離，由主發動機接替。飛彈沿著一定的軌道飛行，軌道取決於均衡的導航系統，該系統天線一直指向由2部DRBR51火控雷達中的1部照亮的目標。20世紀80年代中期，「瑪舒卡」飛彈系統升級，可靠性增強，外殼改進，從而能夠服役到20世紀90年代，甚至21世紀。

下圖：「瑪舒卡」飛彈在概念上與美國的「標準」飛彈非常相似，採用二級火箭推進。

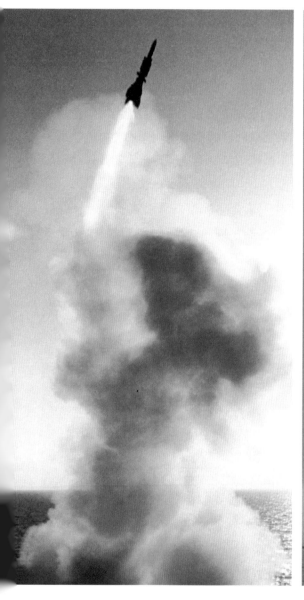

上圖:「紫苑」防空飛彈系統是根據多國防空護衛艦發展計劃發展而來的。儘管英國退出了該項工程,但英國皇家海軍仍將把「紫苑」飛彈系統安裝到45型驅逐艦上。

上圖:一枚「紫苑」防空飛彈從戰艦上垂直試射後,開始傾斜進入預定的攔截軌道。燃料一旦耗盡,助推器就會脫落。

「紫苑」中程/反飛彈飛彈

　　「紫苑」15型和「紫苑」30型飛彈組成一個飛彈家族，由歐洲飛彈系統公司和泰利斯公司合資的歐洲GIE防空飛彈公司設計。這些靈敏度高的固體推進劑飛彈用於要地防禦、區域防禦和海軍艦隊區域防禦，對抗亞音速或超聲速飛彈以及飛機和無人機的多方向協同攻擊。

　　「紫苑」15型和「紫苑」30型飛彈垂直發射，飛彈設計樣式模式化，但助推器不同。「紫苑」15型射程30千米（18.6英里），速度為1000米（3281英尺）/秒；而「紫苑」30型射程120千米（74.6英里），速度為1 400米（4593英尺）/秒。兩種飛彈的尾翼相同，助推器的機身尺寸使它們的射程和速度產生差別。

下圖：圖中這枚「紫苑」防空飛彈放置在助推器上。從它的構造上可以清晰地看出法國設計的強大影響力。

技術規格

「紫苑」15型
類型：中程/反飛彈防空飛彈
機身尺寸：彈長4.2米；彈徑0.18米
重量：彈重310千克（683磅）
性能：射程30千米（18.6英里）
彈頭：高爆破片

　　火控雷達的自動上行線不斷更新目標位置，由此來引導飛彈。助推器燃料一旦用完，就會與尾翼分離脫落。

　　助推器脫落後，尾翼在飛行的最後階段利用1部主動探測器，通過專門的PIF-PAF系統進行操作。該系統結合了常規空氣動力控制表面和直接推力矢量控制，加速度可達60g。

海軍應用

　　「紫苑」飛彈系統主要為航空母艦之類的重要艦船提供中程空防和反飛彈保護。「紫苑」防空飛彈系統使用模塊化的「西瓦爾」垂直發射器，每個模板包含8個發射單元。「西瓦爾」A43發射器僅能夠發射「紫苑」15型飛彈，而「西瓦爾」A50型可以同時發射上述兩種飛彈。「紫苑」防空飛彈系統將裝備到英國皇家海軍的45型驅逐艦、法國海軍的「地平線」級護衛艦和意大利海軍未來的「奧里仲特」級飛彈護衛艦上。

「蝮蛇」要地防空飛彈

　　「蝮蛇」飛彈由歐洲飛彈系統公司（前阿萊尼亞‧馬可尼系統公司）生產，以美國AIM-7「麻雀」飛彈衍生出的AIM-7E空對空飛彈為設計基礎，具備空對空和地對空防禦

上圖：「蝮蛇」飛彈的不規則三角形後翼是固定的，彈身中部的三角形彈翼控制飛彈在空中的運動。

能力。「蝮蛇」2000型是最新版本的「蝮蛇」飛彈。

「蝮蛇」飛彈的外觀與AIM-7「麻雀」飛彈非常相似，但內部電子系統的差別很大。「蝮蛇」擁有1部帶有半自動制導雷達的單脈衝探測器。飛彈飛行速度2.5馬赫，射程14千米（8.6英里），裝備有1個重達32千克（70.5磅）的高爆

技 術 規 格
「蝮蛇」2000型
類型：要地防空飛彈
機身尺寸：彈長3.7米；彈徑0.234米
彈重：220千克（485磅）
性能：射程25千米（15.5英里）
彈頭：高爆破片

破片彈頭。

「蝮蛇」飛彈中的防空型號可以與艦載「信天翁」發射器以及陸基的「斯帕達」和「天兵」發射器相匹配。

「信天翁」系統針對飛機、飛彈和無人機提供要地和有限的區域空防。該系統可以匹配1座標準型的八聯裝飛彈發射架或者1座輕型四聯裝發射器，可以發射北約「海麻雀」飛彈。「信天翁」系統通常安裝以「獵戶座」/RTN-30X跟蹤雷達為基礎的 NA-30火控系統，也可以安裝其他火控系統。

很多國家海軍都使用該系統。例如，意大利航空母艦「加里波第」號上安裝有2座八聯裝「信天翁」發射器，安裝了「蝮蛇」飛彈，其中48枚存放在該艦的彈倉內。

「蝮蛇」2000型飛彈進行了改進，包括1部增強的單級固體推進劑發動機，該發動機提高了飛彈的速度、側面加速度和射程。「蝮蛇」2000型飛彈能夠趕在來襲飛機開火之前進行發射，對多個目標進行攻擊。該型飛彈射程為25千米（15.5英里），可以在密集的電子對抗系統環境中作戰。

下圖：面對來襲的敵方飛機，艦載發射的「蝮蛇」飛彈必須具備很高的加速度，以便在盡可能遠的距離上攔截目標，這種性能十分重要。照片中這枚「蝮蛇」飛彈正從「信天翁」飛彈發射器上射出，從中可以看出「蝮蛇」飛彈與AIM-7「麻雀」飛彈有著極大的相似之處。

現存的「蝮蛇」飛彈都可以改裝成標準的「蝮蛇」2000型飛彈，此外，目前所有發射「蝮蛇」飛彈的武器系統都可以發射「蝮蛇」2000型飛彈。

「西北風」短程艦對空飛彈

「西北風」飛彈由歐洲飛彈系統公司製造，是一種短程防空飛彈，對付低空目標，可以全天候晝夜作戰，攔截並摧毀無人機、飛機和飛彈目標。

「西北風」飛彈屬於一種多用途武器，曾與許多發射器和平台配合使用，大大增強了其在世界市場上的吸引力。「西北風」2型飛彈是最新版本的飛彈，目前已投入生產。

「西北風」飛彈借助自身攜帶的一部敏感被動式紅外探測器，發射後即刻脫離，利用衝擊和激光近炸引信引發

下圖：「西北風」飛彈尾部有突出固定直尾翼，由制導裝置後部的十字陣矩形尾翼對飛彈進行控制。

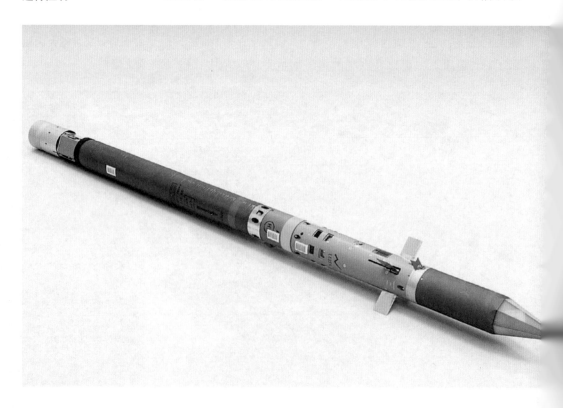

彈頭，進行目標攔截。高爆破片彈頭非常有效，重3千克
（6.6磅），內含高密度鎢彈。

艦炮/飛彈系統

世界上多個國家海軍裝備有「西北風」飛彈，用來發射
該型飛彈的發射系統有綜合艦炮/飛彈系統、「特拉爾」、
「西姆巴德」和「薩德拉爾」等武器系統。

歐洲飛彈系統公司和MSI防禦系統公司聯合開發了兩用
的穩定綜合艦炮/飛彈武器系統。這種安裝在甲板上的系統
採用模式化設計，包括1座三聯裝「西北風」飛彈發射架和1
門25毫米口徑或30毫米口徑火炮，這兩種武器聯合使用可以
對付空中和水面目標。

「特拉爾」武器系統安裝在大型艦船上，用於對其他防
空飛彈系統進行補充，在小型艦船上可充當主要空防系統。
該系統重600千克（1 323磅），有1個熱成像裝置和1座可發
射4枚飛彈的穩定發射器，能夠與艦船火控系統實現整合，
可以進行單射或齊射。

「西姆巴德」武器系統也是一種安裝在甲板上的發射
器，包括2枚待發的「西北風」飛彈。裝載完畢後，整個系
統重250千克（551磅），由一名瞄準手/操作員手工操作，
通過自身配置的熱成像照相機可以提供夜間作戰能力。

「薩德拉爾」武器系統是一部自動系統，重1080千克

技 術 規 格

「西北風」2型
　類型：短程防空飛彈
　機身尺寸：彈長1.86米；彈徑0.09米；翼展0.18米
　重量：彈重18.7千克（41.23磅）
　性能：最大速度2.5馬赫；最大射程6千米（3.73英里）；
　　　　最大射高3000米（9845英尺）
　彈頭：重3千克（6.6磅），高爆破片殺傷式，內裝鎢彈

下圖：一艘「卡辛」級驅逐艦正在發射一枚「果阿」飛彈。飛彈射程6～25千米，高度100～25000米，所攜帶的高爆彈頭的殺傷半徑為12.5米。

（2 381磅），有1架熱成像照相機，1座陀螺穩定發射器可以發射6枚「西北風」飛彈。該系統由艦船火控系統操縱，具備全自動作戰能力。

SA-N-1「果阿」中程區域防空飛彈系統

SA-N-1a「果阿」（「波浪」）飛彈系統發射V-600型

左圖：安裝在這艘
「卡辛」級驅逐
艦上的SA-N-1型
飛彈系統的雙臂
發射器上放置了2
枚V-600型防空飛
彈。這種發射器在
波濤洶湧的海面上
仍可以穩定發射，
其中的單聯裝和雙
聯裝發射器安裝在
很多艦船上。

技術規格

SA-N-1「果阿」（V-600/V-601）

機身尺寸：彈長6.7米；彈徑0.46米，助推器直徑0.701米；翼展1.5米

重量：V-600型飛彈重946千克（2 086磅），V-601型飛彈重950千克（2 094磅）；高爆彈頭重60千克（132磅）

性能：最大速度3馬赫；射程6～25千米（3.7～15.5英里）；作戰限高100～25000米（330～82020英尺）

下圖：V-600/V-601型飛彈由愛沙耶夫設計局設計，助推器助燃2.6秒，主發動機助燃18.7秒，飛彈運動由前端的直尾翼進行引導。

二級固體推進劑飛彈，於1961年進入蘇聯海軍服役，是首批大規模裝備蘇聯水面作戰部隊的海軍防空飛彈系統。

行之有效的飛彈系統

該系統源於陸基發射的SA–3「果阿」（S–125「涅瓦」）飛彈系統，是當時有效的中低空飛彈系統，執行水面反艦任務時不會被雷達發現。它是一種中程區域防禦武器，由1座雙

臂發射器發射。發射器可以旋轉至90度的垂直位置，由甲板下面的16發彈倉完成彈藥的二次裝填。助推器的4個矩形直尾翼折疊在一起，在飛彈脫離發射器後伸開。高爆破片彈頭的殺傷半徑為12.5米（41英尺），可以在低空對付與F-4「鬼怪」戰鬥機機身尺寸相當的目標。飛彈通過無線電制導，也可能利用紅外終端制導。後來升級的「果皮群」海軍火控雷達對SA-N-3b「果阿」飛彈系統進行半自動終端制導，發射V-601「涅瓦」飛彈。「果阿」飛彈系統曾銷往印度和波蘭。

SA-N-3「高腳杯」中程區域防禦飛彈系統

繼SA-N-1「果阿」飛彈系統後，SA-N-3a「高腳杯」（「風暴」）中程低空/中空區域防禦飛彈系統於1967年安裝到蘇聯海軍的艦船之上。它的防空作戰能力顯著提高，可

下圖：「克列斯塔」級巡洋艦的雙臂發射器曾被認為可以發射SS-N-14反潛飛彈以及SA-N-3型飛彈。該發射器還安裝在「基輔」級、「喀拉」級和「莫斯科」級艦船上。

上圖：「基輔」級航空母艦安裝了2座雙臂發射器，可以發射SA–N–3型飛彈（共72枚）：1座安裝在甲板上層建築的前端，正好在中軸線上，位於兩座SS–N–12發射器之間；另外1座則直接安裝在上層建築後部。

技 術 規 格

SA–N–3「高腳杯」（V–611）

機身尺寸：彈長6.4米；彈徑0.7米；翼展1.7米

重量：總體重量不詳，高爆破片彈頭重150千克（331磅）

性能：最大速度2.8馬赫；SA–N–3a型飛彈系統射程6～30千米（3.7～18.6英里），SA–N–3b型飛彈系統射程6～55千米（3.7～34.2英里）；作戰限高90～24 500米（295～80 380英尺）

以執行超雷達視距反艦任務。與同時期蘇聯海軍其他防空飛彈不同的是，V–611型飛彈沒有陸基裝置，不是由常見的SA–6「根弗」飛彈改進而來。SA–N–3型飛彈系統通常攜帶高爆破片彈頭，但一直傳言它是一種低能量武器。飛彈從1

座雙聯裝發射器發射，發射臂可旋轉至垂直角度，通過甲板下1個裝有22枚、24枚或36枚飛彈（以艦船機身尺寸而定）的彈倉完成彈藥的二次裝填。飛彈的制導由「前燈」火控雷達發出的無線電指令完成。這種雷達已經安裝在「克列斯塔 II」級和「喀拉」級飛彈巡洋艦以及「莫斯科」級和「基輔」級航空母艦上。此外還有一種升級的SA-N-3b型飛彈系統，可使射程增至55千米（34.2英里），發射V-611M型飛彈。

SA-N-4「壁虎」要地防空飛彈系統

SA-N-4「壁虎」（也稱「奧沙-M」）系統發射9M33M單級固體推進劑飛彈，於20世紀70年代初作為蘇聯海軍的要地飛彈系統服役，安裝在大型和小型水面艦船上，分別充當二級/三級或主要防空武器。蘇聯海軍的SA-N-4型飛彈系統

下圖：「克里瓦克I」級護衛艦配置2座Zif 122發射器，發射「壁虎」飛彈，船頭和船尾的白色圓蓋標識出了它們的位置。

技 術 規 格

SA-N-4「壁虎」（9M33M）

機身尺寸：彈長3.158米；彈徑0.21米；翼展0.64米

重量：總重170千克（375磅）；高爆破片彈頭重19千克
（41.9磅）

性能：最大速度2.4馬赫；射程1.5～15千米（0.93～9.32英
里）；作戰限高10～12 000米（33～39 370英尺）

下圖：SA-N-4型飛彈系統發射後的加速度非常快，擁有1部能力很強的制導系統，可使輕型戰艦具備良好的近距離防空能力。

以蘇聯陸軍的SA-8系統為基礎，利用可完全回收的雙臂發射器進行發射，從甲板下面的1個20發彈倉供應彈藥。該系統發射的飛彈加速度非常快，在1980年服役的第二個版本的飛彈基礎上作了改進，高爆破片彈頭重19千克（41.9磅），

帶有衝擊和近炸引信，低空殺傷半徑約為5米（16英尺5英吋）。緊急情況下，還可以用作反艦飛彈，達到最大射程。

半自動制導裝置

「汽槍群」火控雷達系統對飛彈進行半自動雷達制導，這些雷達系統與發射器連在一起。在敵對電子條件下，例如展開低空行動或與敵方對抗時，它們還可以作為光學和/或低光度電視系統。

與蘇聯海軍後來的許多防空飛彈不同，「壁虎」系統飛彈大量出口給蘇聯的盟國，成為出口的「納奴契卡」級輕型飛彈巡洋艦和「科尼」級輕型護衛艦上所裝備的武器系統。

SA-N-6「雷鳴」遠程防空飛彈

由格魯辛和羅斯普萊丁設計局設計的S-300PMU（SA-10「雷鳴」）系列飛彈，採用陸基發射方式，於1980年服役。該型飛彈系統為陸軍提供機動防空能力，對城市和工廠設施提供飛彈防護。該型飛彈的海上艦載型為S-300F型要地防空飛彈，取代了V-611「風暴」飛彈（SA-N-3「高腳杯」），進入蘇聯服役（Rif是出口類型），西方稱之為SA-N-6「雷鳴」飛彈，它將為蘇聯海軍特遣部隊提供與美國「宙斯盾」艦隊防空系統相似的先進防空能力。

旋轉發射器

在海軍服役期間，該型飛彈被安裝在1個B-303A型8發旋轉彈倉內，從艦上垂直發射，每3秒發射一枚。每艘「基洛夫」級戰列巡洋艦可攜帶96枚飛彈，而每艘「光榮」級巡洋艦只能攜帶64枚。該武器採用半自動雷達尋的系統制導，艦上的「頂罩」雷達系統照射目標。飛彈從發射管射出後，在20～25米高度，火箭發動機點燃，並很快加速至3馬赫。飛行過程中，飛彈由偏導器和副翼控制，制導距離為100千米（62英里）。SA-N-6型飛彈擁有1個90千克（176磅）重

上圖:「基洛夫」級戰列巡洋艦安裝了垂直發射系統,用來發射SA−N−6「雷鳴」遠程艦載防空飛彈。

的常規彈頭,如果有必要,可替換為核彈頭。

　　「頂罩」雷達火控系統可使飛彈系統跟蹤多達9個目標,同時朝6個目標開火,每次發射1枚或2枚飛彈。這些目標包括安裝小型雷達的目標,例如巡弋飛彈,這是一種非常

技 術 規 格
S-300F(SA-N-6「雷鳴」) 類型:遠程區域防禦飛彈 機身尺寸:彈長7米;彈徑0.45米 重量:333~420千克(734~881磅,根據彈型而定) 性能:射程100千米(62英里);最大高度25 000~30 000米 　　　(82 020~98 424英尺);最低作戰高度5米(16英尺) 彈頭:高爆彈頭重90千克(176磅),可替換為核彈頭

有效的反艦武器。據稱，SA-N-6「雷鳴」遠程防空飛彈甚至可以對付戰術彈道飛彈，有消息甚至稱其還可能對付戰略飛彈。「頂罩」雷達指示目標，然後傳輸給飛彈攜帶的被動反射器，引導飛彈向目標前進。這一信息通過抗電子干擾通信線路傳輸給飛彈。飛彈可擊中高達25 000～30 000米（82 020～98 424 英尺）的目標。據稱，該型飛彈的確切有效射程為90千米（55英里）。

　　用於出口的S-300FM Rif-M型飛彈系統採用威力更大的48N6E型飛彈，取代了最初由S-300F Rif系統發射的5V55型飛彈。

SA-N-7「牛虻」和 SA-N-12「灰熊」中程防空飛彈

　　「颶風」和「葉茲」分別是SA-N-7「牛虻」和SA-N-12「灰熊」中程防空飛彈系統的俄語名稱，它們屬於

下圖：早期「現代」級驅逐艦上的「牛虻」飛彈發射系統位於艦橋前部、前端艦炮裝置的後部。

上圖：最早一批「現代」級驅逐艦後部的SA-N-7型飛彈發射架安裝在一個小型的凸起飛行甲板的後面，這個飛行甲板供卡-27型反潛直升機起降使用。

中程防空武器，在蘇聯海軍（後來的俄羅斯海軍）中的地位等同於美國海軍的「標準」飛彈。

1974年，SA-N-7「牛虻」飛彈系統原型在「卡辛」級驅逐艦「普羅沃爾尼」號上進行了測試。1980年，該系統開始在第一艘「現代」級驅逐艦上服役。

通過「頂板」3D搜索雷達對目標進行鎖定，相關信息傳輸給3R90 H/I波段目標照亮雷達，這部雷達與「前罩」火控雷達相連。一部輔助電視光學瞄準器可以在密集的電子干擾環境和雷達處於靜止狀態時發揮作用。艦上安裝了MS-196處置/發射系統，發射「牛虻」飛彈。

「牛虻」飛彈由1座單軌道發射器發射，可以攻擊30千米（18英里）以外的目標，作戰高度達到22 000米（72 178

技 術 規 格

「葉茲」（SA-N-12「灰熊」）

類型：中程區域防禦飛彈

機身尺寸：彈長5.55米；彈徑0.4米；翼展0.86米

重量：710千克（1 565磅）

性能：射程3～30千米（1.8～18.6英里）；最大高度22 000
　　　米（72 178英尺）

彈頭：高爆彈頭重70千克（254磅）

英尺）。

「牛虻」飛彈系統發射9M38M防空飛彈，該飛彈由陸基
SA-11「牛虻」飛彈改進而來，安裝有1部固體推進劑發動
機，攜帶一個70千克（154磅）重的高爆彈頭，並裝備有1個
無線電近炸引信。在大部分的飛行時間內，該型飛彈利用慣
性制導，並利用半自動雷達進行終端制導。「前罩」雷達照
亮目標，直到目標進入飛彈的半自動雷達範圍。該型飛彈
既可以單獨發射，也可作為綜合指揮與控制系統的一部分。
每艘「現代」級艦船可以攜帶48枚該型飛彈。然而該系統所
需的人員較多，需要19名船員操作，佔據37平方米的艦船面
積。

印度購買了SA-N-7「牛虻」飛彈系統，安裝在「德
里」級驅逐艦上。

單發摧毀能力

據稱，「牛虻」飛彈系統對抗飛機的單發摧毀能力達
60%～90%，對抗直升機時達30%～70%，對抗巡弋飛彈時
約為40%。該系統可以很好地對抗電子干擾平台。SA-N-12
「灰熊」與SA-N-7非常相似，外形幾乎相同。

艦載SA-N-12型飛彈系統由陸基SA-17「灰熊」飛彈系
統改進而來，保留了MS-196型發射器/處理系統、3R90雷達

下圖：「海參」飛彈在馬爾維納斯群島戰爭中首次參戰，配置在英國皇家海軍「格拉摩根」號和「安特里姆」號戰艦上（如圖）。儘管該型飛彈的低空對抗能力大大改進，但實際上20世紀50年代的飛彈是無法對抗80年代的低空目標的。

和最初的SA-N-7系統「前罩」雷達，但發射的飛彈是改良的9M38M型飛彈。它擁有改進的制導裝置，提升了加速度。「灰熊」系統從以前的「別斯鮑柯伊尼」級艦船轉移安裝到俄羅斯的「現代」級艦船上。

「海參」中程/遠程區域防禦防空飛彈

儘管早在第二次世界大戰初期英國皇家海軍就曾使用非制導防空火箭，同時也對制導飛彈展開了初步研究，但直到1962年，隨著英國皇家海軍艦船「德文郡」號的服役，第一

技 術 規 格

「海參」

類型：艦載中程/遠程區域防禦防空飛彈

機身尺寸：彈長（Mk1）5.99米或（Mk 2）6.1米；彈徑
0.409米；翼展1.45米

重量：1 996千克（4 400磅）

性能：射程（Mk 1）45千米（28英里）或（Mk 2）68千米
（36英里）；最大高度至少15240米（50000英尺）

彈頭：高爆彈頭重135千克（297磅），帶有觸發引信和近炸
引信

批安裝了1部防空飛彈系統的「郡」級飛彈驅逐艦才來到海上。

「海參」飛彈的研製拖延了很長時間，從1949年一直拖到1962年，它是一種大型飛彈，用來對付20世紀50年代來自亞音速高空轟炸機的威脅。它由1座雙聯裝發射器發射，彈體呈圓柱形，中部有直角十字形彈翼，尾部有直角十字形控制翼面和1台ICI固體燃料火箭發動機，由前端的4個鈍頭固體燃料助推器協助。

「海參」屬於一種波束飛彈，首先通過遠程965型監視雷達和277型測高雷達發現目標，而後目標坐標位置傳輸給901型飛彈跟蹤和照亮雷達。當目標進入射程範圍內時，飛彈進行發射，並將其集合到光束雷達波束中心，沿著光束傳遞編碼制導指令。135千克（297磅）重的彈頭擁有觸發引信和近炸引信，該飛彈具備二級水面作戰能力。

改良的飛彈

「海參」Mk 2型飛彈於1961年宣佈製造，此次升級大大提高了飛彈的作戰性能，例如速度、射程、抗電子干擾和制導精確性能。升級後的電子設備可以使「海參」Mk 2更好地對付低空飛行和水面目標。新型飛彈裝備到第二批的4艘

「郡」級驅逐艦上，英國原計劃改進首批4艘驅逐艦，但最終放棄。

「海參」服役20年後首次參加作戰，攜帶Mk-2型飛彈的「格拉摩根」號和「安特里姆」號驅逐艦，在1982年的馬爾維納斯群島戰爭中發揮了重要作用。在對付阿根廷空軍低空攻擊時，這些現代飛彈顯然取得了更大的勝利。

最後裝備Mk2型飛彈系統的艦船是英國皇家海軍的「法伊夫」號和「格拉摩根」號以及智利海軍的「普拉特」號（前英國海軍艦船「諾弗克」號）和「科克蘭海軍上將」號（前「安特里姆」號）。後來智利艦船上的Mk2型飛彈系統被以色列的「巴拉克」系統取代。巴基斯坦的「巴布爾」號（前「倫敦」號）最初裝備「海參」 Mk 1型飛彈系統，後來被拆除。

下圖：「海貓」飛彈於20世紀50年代末開發，60年代初作為英國皇家海軍主要的短程防空系統服役，取代了諸如40毫米口徑「博福斯」防空火炮之類的武器系統。

「海貓」要地防禦飛彈

「海貓」飛彈由肖特兄弟公司於20世紀50年代後期設計製造，執行近距離防空任務，取代了諸如40毫米口徑「博福斯」火炮之類的速射火炮。1960年，該型飛彈進行第一次

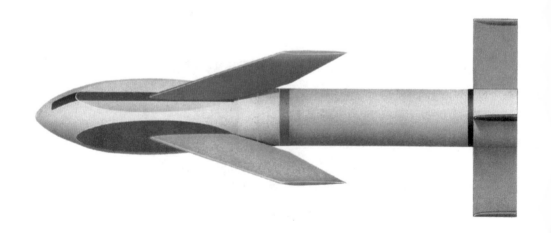

制導試驗，1961年在英國皇家海軍「誘餌」號戰艦上進行首次艦載試驗。服役之前，該飛彈系統於1962年在同一艘艦船上展開了一系列的艦載試驗。「海貓」擁有1台雙推力發動機、4個固定垂直尾翼、水力驅動彈翼和1個持續桿式爆破彈頭，並帶有延時觸發引信和近炸引信。飛彈由無線電制導，幾乎可與任何類型的瞄準和火控系統結合。由於皇家海軍不斷改進和升級，最終促成了GWS Mk 21型飛彈（利用40毫米口徑「博福斯」火炮的262型火控雷達，部署在「特里波爾」級戰艦上）和GWS Mk 22型飛彈（擁有改良的MRS-3制導儀，部署在「郡」級和「利安德」級戰艦上）的問世，它們配置不同的雷達，具備夜間射擊能力。「亞馬遜」級戰艦上的GWS Mk 24型飛彈利用WSA-4火控系統。

「海貓」飛彈系統在英國皇家海軍服役至20世紀90年代中期。發射器通常與飛彈一起使用，一般為四聯裝，飛彈用手工裝填，而一些進口該型飛彈的國家使用1座輕型三聯裝發射器。自20世紀60年代投入生產以來，共有16個國家購買了「海貓」飛彈，但直到1982年的馬爾維納斯群島戰爭才用於實戰，實踐證明它是一種具有威懾力的防禦武器，但無法對付現代的高性能機動目標。

「飛魚」飛彈威脅

在南大西洋衝突期間，「海貓」攻擊目標時的速度較慢。在一次攻擊中，一枚「海貓」飛彈射向一枚「飛魚」飛彈，但由於速度太慢，最終與「飛魚」失之交臂。

「海貓」的一個弱點是必須由飛彈操作員手工跟蹤。操作員用目視探視鏡發現目標，然後發射飛彈，將指令傳輸給飛彈。他們用拇指移動操作桿來操縱飛彈。指令通過超高頻或超低頻無線電通信線路傳輸。飛彈後部的照明彈可以使操作員對其進行跟蹤。然而，該系統每次只能控制一枚飛彈，這又是一個弱點。

「海貓」飛彈的銷售狀況很好，購買國包括阿根廷、澳

右圖：「海貓」飛彈從標準的四聯裝發射器中射出。「海貓」飛彈的有效射程約為5.5千米，速度為1馬赫，可以在30～915米的高空範圍內攔截來襲目標。「海貓」飛彈先後在16個國家的海軍中服役，其中包括馬爾維納斯群島戰爭的交戰雙方。

大利亞、巴西、智利、印度、伊朗、利比亞、馬來西亞、荷蘭、新西蘭、尼日利亞、瑞典、泰國、英國、委內瑞拉和聯邦德國。在澳大利亞海軍服役期間，它被部署到所有的12型

技 術 規 格
「海貓」 類型：要地防禦飛彈 機身尺寸：彈長1.48米；彈徑0.1905米；翼展0.65米 重量：總重68千克（149.9磅）；高爆破片彈頭為10千克 　　　（22磅） 性能：最大速度1馬赫；射程5.5千米（3.4英里）；作戰限 　　　高30～915米（100～3000英尺）

左圖：英國皇家海軍「郡」級飛彈驅逐艦「安特里姆」號在南大西洋上航行，艦上裝備了「海貓」飛彈。「海貓」在馬爾維納斯群島戰爭中首次參戰，儘管它們曾經擊落數架阿根廷飛機，但其總體表現卻令人失望，尤其是在對付高速目標時的效果很差。

護衛艦上。

「海標槍」中程區域防禦飛彈

　　「海標槍」（英國皇家海軍稱之為Mk30制導武器系統）於20世紀60年代由英國航空航天公司設計，是第三代區域防禦海軍防空飛彈，可在高空和特定條件的低空對付飛機和飛彈之類的目標。該飛彈系統參加了1982年的馬爾維納斯群島戰爭，官方聲稱它摧毀了8個目標。然而，最近的更多證據表明，它實際上只摧毀了5個目標，包括1架「美洲豹」直升機、1架「利爾」35A型噴氣偵察機、1架「堪培拉」B.Mk 62輕型轟炸機和2架A-4C「天鷹」輕型攻擊機。「海標槍」飛彈由1座雙軌發射器發射，配合2部909型目標跟蹤和照亮雷達，安裝在42型驅逐艦（20枚飛彈）上，以前還曾安裝在「無敵」級航空母艦（20枚飛彈）和已退役的「布里斯特爾」號戰艦（40枚飛彈）上。如果需要，「海標槍」還可以對付25～30千米（15.5～18.6英里）以外的水面目標。

在阿根廷服役

　　「海標槍」飛彈系統曾賣給阿根廷，並部署在2艘42型驅逐艦上，這種情況或許預示著該系統在戰鬥中將缺乏殺傷力，因為阿根廷對其作戰性能早已瞭如指掌。截至21世紀初，阿根廷艦船上的「海標槍」飛彈系統一直沒有參戰。其制導裝置是半主動制導類型，配合比例引導航向。1

下圖：「海標槍」是英國皇家海軍第三代區域防禦飛彈，可以攔截來襲的飛機和飛彈，在1982年的馬爾維納斯群島戰爭中表現非凡，據說摧毀了8架敵機。

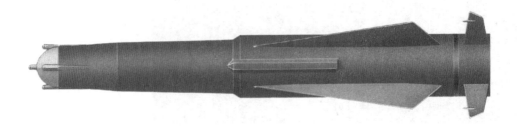

技 術 規 格

「海標槍」
類型：中程區域防禦飛彈
機身尺寸：彈長4.36米；彈徑0.42米；翼展0.91米
重量：總重550千克（1 213磅）；高爆破片彈頭
性能：最大速度3馬赫以上；射程65千米（40.4英里）；
　　　作戰限高30～18 290米（100～60 000英尺）

部固體燃料助推器將飛彈推進到主發動機所需的速度，接著1台羅爾斯—羅伊斯公司研製的「奧丁」噴氣式發動機為飛彈飛行提供動力。煤油充當燃料，可以使飛彈長期儲存在艦船上，並且極少需要維護。據稱，該飛彈處理起來與海軍的火炮彈藥一樣容易。1部自動裝彈機還可使飛彈具備較高的發射速率。

1981年，英國縮減防務費用，改進型的「海標槍」Mk2型飛彈系統的研發計劃被取消，從而導致20世紀80年代末期到90年代初期英國皇家海軍艦隊的防禦能力出現缺口。就在這時，輕型「海標槍」飛彈系統被開發出來，部署在排水量低於300噸的艦船上，它由安裝在甲板上的集裝箱發射器發射，配置單一雷達和火控設備。

「海狼」要地防禦飛彈

「海狼」飛彈於1962年開始構思，由英國航空航天公司設計，最初計劃用來取代被廣泛應用的「海貓」防空飛彈系統。不幸的是，由於英國皇家海軍設計的Mk 25 Mod 0制導武器系統發射器過大，只能安裝在排水量2 500噸以上的戰艦上。事實上，22型護衛艦的機身尺寸和排水量需要超過配置「海標槍」的42型驅逐艦，以便安裝2部完整的人工裝填式Mk25制導武器系統以及30枚彈倉和六聯裝發射器。

上圖：除了部署到英國皇家海軍的42型和82級驅逐艦上之外，「海標槍」還安裝在3艘「無敵」級航空母艦之上，甚至包括阿根廷海軍的42型驅逐艦。

「海狼」飛彈系統屬於全自動要地防禦系統，通過無線電指令進行目視引導，配以雷達分辨或低光電視跟蹤。飛彈的靈活性和速度可使其在惡劣的天氣和海況條件下，對於射速2馬赫的小型反艦飛彈和飛機進行低空攻擊。

航空母艦防護

馬爾維納斯群島戰爭期間，英國皇家海軍的2艘22型護衛艦「布里斯特爾」號和「佩刀」號以及只安裝了一座發射器的改進型「利安德」級護衛艦「仙女座」號發射了「海狼」飛彈，其中1艘22型護衛艦擔當近距離防空艦或航空母艦的護航艦。1982年5月12日，「布里斯特爾」號發射「海狼」飛彈，揭開了該型飛彈參戰的序幕。當時，該艦正與4架A-4「天鷹」攻擊機交戰，擊落了其中2架，

本頁圖：圖中這艘22型護衛艦正在發射一枚「海狼」飛彈。「海狼」飛彈的戰鬥效能高，但由於攜帶輔助雷達以及發射和指揮系統，因此稍顯笨重。鑒於這種情況，22型護衛艦要想配置2座該型飛彈的發射器，其體積必須要比42型驅逐艦大。

技 術 規 格

「海狼」

類型：要地防禦飛彈

機身尺寸：彈長1.9米；彈徑0.3米；翼展0.45米

重量：總重82千克（180.4磅）；高爆破片彈頭

性能：最大速度2馬赫以上；射程6.5千米（4.04英里）

或垂直發射10千米（6.2英里）；作戰限高約

4.7～3 050米（15～10 000英尺）

並迫使第3架在躲避1枚飛彈時墜毀。官方聲稱「海狼」摧毀了5架飛機，但後來的證據顯示它只摧毀了上面提到的3架，可能還包括第4架。實戰表明該系統的大量軟件需要升級，以便提高可靠性：與目標跟蹤系統相連的計算機多次中斷跟蹤目標，因為它無法同時區分飛近的目標。

「海狼」飛彈在一次成功的試驗中結束了改進工作，在這次實驗中，1枚「海狼」飛彈摧毀了1枚掠海飛行的MM.38「飛魚」反艦飛彈。

為了進一步提高飛彈的戰鬥力和射程，英國皇家海軍的23型「公爵」級護衛艦具備了垂直發射能力，它們上面部署了Mk 26制導武器系統。馬來西亞的「萊丘」號護衛艦也具備了垂直發射能力，上面安裝了「海狼」飛彈系統。很多輕型飛彈系統也得到改進，Mk 25 Mod 3制導武器系統經過改進後安裝到英國皇家海軍各級艦船上，提高了艦船的自衛能力。標準的四聯裝「海貓」發射器經過改進後取代了「海

下圖：「海狼」要地防禦飛彈長1.9米（6英尺2.8英吋），重82千克（180.4磅）。

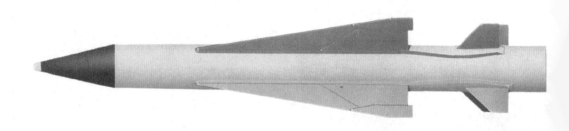

狼」集裝箱發射器（連同匹配的電子設備和雷達），但令人驚訝的是，英國皇家海軍並沒有把這項工作繼續下去。毫無疑問，如果這項對驅逐艦的改進項目持續下去，那麼在馬爾維納斯群島戰爭中，英國皇家海軍艦船的近程防空系統要比實際的殺傷力高得多。

除此之外，一種更為先進的Mk 27制導武器系統於1987年被取消，該系統原本打算採用主動式探測器和相控陣跟蹤器，射程是早期飛彈的兩倍。

「小獵犬」和「韃靼人」海軍中程防空飛彈

「小獵犬」（Terrier）區域防禦飛彈由「黃銅騎士」飛彈項目的技術發展而來，卻先於「黃銅騎士」服役。「小獵犬」的結構更緊湊，體型更小，可以部署在飛彈護衛艦或大型驅逐艦上。

緩慢改進

「小獵犬」從1949年開始逐步改進，每次只針對一個主要部件。最初的射速1.8馬赫的波束制導飛彈被命名為BW-0型飛彈（後來的RIM-2A），射程18.5千米（11.5英里），作戰高度1 525～15 240米（5 000～50 000英尺）。下一種改進型BW-1

技 術 規 格

RIM-2D（N）「小獵犬」
類型：中程區域防禦飛彈
機身尺寸：彈長4.115米，助推器長7.874米；彈徑0.343米，
　　　　　助推器直徑為0.457米；翼展1.074米
重量：飛彈重535千克（1 180磅）；助推器重825.5千克
　　　（1 820磅）；W45 1 000噸當量核彈頭
性能：最大速度3馬赫；射程37千米（23英里）；作戰限高
　　　150～24 385米（500～80 000英尺）

上圖:「韃靼人」飛彈
是最早的一種海軍防空
飛彈,曾經裝備給美
國、澳大利亞、法國、
意大利、日本、荷蘭和
聯邦德國海軍。

右圖:儘管「小獵犬」
飛彈已被「標準」飛彈
取代,但它為美國海軍提
供了多年的空中防禦。圖
中為美國海軍巡洋艦「約
瑟夫斯‧丹尼爾斯」號在
1973年發射RIM-2E型飛
彈,最大射程超過70千米
(43英里)。

技 術 規 格

RIM-24B改進型「韃靼人」

類型:中程區域防禦飛彈

機身尺寸:彈長4.72米;彈徑0.34米;翼展0.61米

重量:總重594千克(1 310磅);高爆彈頭

性能:最大速度1.8馬赫;射程32.375千米(20.1英里);
　　　作戰限高15~21 335米(50~70 000英尺)

左圖：「宙斯盾」防空系統第一次試驗時發射的是「韃靼人」和「小獵犬」飛彈，而當時的「標準」飛彈正在開發。圖中的試驗艦「諾頓海峽」號發射一枚「韃靼人」飛彈，攻擊一架「火蜂」超音速無人機。

型飛彈（RIM-2B）是重新設計的BW-0型飛彈，但在射程或高度上都沒有重大改進。1956年，BT-3型飛彈（RIM-2C）服役，是新型尾舵式飛彈，擁有改進的波束制導裝置和新型發動機，速度增至3馬赫，射程和最大限高增加了50％。1958年出現了BT-3A型（RIM-2D）防空飛彈，具備艦對艦攻擊能力，射程37千米（23英里）。接下來，一種可以攜帶1 000噸當量

的W451彈頭的核飛彈問世，被命名為BT-3（N）型，後改名為RIM-2D（N）型飛彈。最後計劃的HT-3（RIM-2E）型飛彈比BT-3型飛彈提前一年服役，引入了半主動引導系統，增強了低空作戰能力，單發摧毀能力提高了30%多。HT-3型飛彈於20世紀60年代中期交付，命名為RIM-2F型飛彈，配置1部新型主發動機，射程74千米（46英里）。

HT-3型飛彈在生產了大約8 000枚後，於1966年停止生產。

1952年決定生產一種半主動式制導飛彈，作為大型飛彈系統的補充力量，跟蹤低空飛行目標。就這樣，飛行速度達1.8馬赫的RIM-24A「韃靼人」飛彈問世了，其有效射程達1.85～13.7千米，射擊高度在15~16 765米。緊接著，改進的「韃靼人」飛彈很快出現，並被命名為RIM-24B改進型「韃靼人」飛彈，於1963年服役，射程增至32.5千米，最大作戰高度21 335米（70 000英尺），具備反艦能力。該型飛彈大約生產了6 500枚，被大多數國家所採購（澳大利亞、法國、荷蘭、意大利、日本、美國和聯邦德國）。該型飛彈後來被改裝為「標準」飛彈。

「海麻雀」海軍短程防空飛彈

「麻雀」空對空飛彈是20世紀60年代初性能最優異的飛彈，構成了美國海軍基準的要地防禦飛彈系統的基礎。RIM-7E5是首批服役的飛彈，現在成為「海麻雀」飛彈家族的一員，由AIM-7E防空飛彈改進而來。RIM-7E5型飛彈繼而經改進成為RIM-7H型飛彈，隨後是RIM-7F型飛彈，以改進的AIM-7F型飛彈為基礎。「海麻雀」是半主動雷達制導飛彈，性能超群，射程14.9～22.3千米，攻擊目標的高度為30～15 240米。然而，所有各型「海麻雀」飛彈都無法對付低空巡弋飛彈，而低空巡弋飛彈正是美國海軍在

當時的主要威脅。為了彌補這一缺陷，RIM-7F Block Ⅰ型飛彈計劃安裝低空雷達制導裝置，採用引信引爆，以期能夠擊中15米（50英尺）以下的目標，而Block Ⅱ型飛彈的電子反干擾能力增強。然而，這兩種改進型都沒有實現，因為RIM-7F型飛彈被由AIM-7M型飛彈改進來的RIM-7M型飛彈取代，後者從一開始就攜帶1部單脈衝探測器，性能非常先進。美國海軍用RIM-7M型飛彈替換了早期的「海麻雀」飛彈。

　　北約「海麻雀」飛彈系統與基準型的要地防禦飛彈系統不同，前者擁有火控系統，從發現目標到飛彈攻擊的

上圖：美國海軍航空母艦安裝的唯一飛彈防禦設備就是基準型的要地防禦飛彈系統，用來發射「海麻雀」飛彈。如圖所示，美國海軍「肯尼迪」號航空母艦正在地中海海域展示該系統的強大威力。

上圖:一枚「海麻雀」飛彈從美國海軍兩棲指揮艦「惠特尼山」號的八聯裝箱式發射器中射出。

整個過程都是全自動完成的。發射的RIM-7H5型飛彈裝備有折疊直尾翼,以便與北約海軍的結構更簡潔的八聯裝發射器相匹配。1973年,改進型的要地防禦飛彈系統進入美國海軍服役,它擁有改進的目標捕捉雷達和數據處理系統。

「進化海麻雀」飛彈是最新型飛彈,由RIM-7P型飛彈改進而來,使用Mk41垂直發射系統,飛彈離開艦船上層建

技 術 規 格

RIM-7M「海麻雀」

類型:要地防禦防空飛彈

機身尺寸:彈長3.98米;彈徑0.203米;翼展1.02米

重量:總重約228千克(503磅);高爆破片彈頭40千克(88磅)

性能:最大速度3馬赫以上;射程22.2千米(13.8英里);作戰高度8~15 240米(25~50 000英尺)

築後由噴氣舵控制設備引導到正確軌道上。

「拉姆」海軍短程防空飛彈

　　儘管美國海軍在1969年開始研製20毫米口徑「密集陣」近戰武器系統項目，但對於短程輕型飛彈仍然很感興趣。在國會對美國海軍施加壓力的情況下，聯邦德國和丹麥開始介入，對該項目進行拯救，雙方簽署了諒解備忘錄，開發RIM-116A型旋轉飛彈，通常簡稱「拉姆」飛彈，部署在護衛艦和飛彈快艇上。

　　之所以稱其為旋轉飛彈，是因為它由發射器射出後彈體旋轉，隨後直尾翼張開，採取完全被動制導，最初使用寬波段雷達探測器，並引導終端制導紅外探測器指向目標。在捕捉到目標回波後，雷達探測器改變方向。目前的Block Ⅰ型飛彈保留了複式導引頭，希望具備最大的攔截能力。艦船火

下圖：這是首次在水面上試射「拉姆」飛彈，彈頭露在發射架外，前端的直尾翼這時已展開。

上圖：「拉姆」旋轉飛彈除了安裝被動雷達系統外，還擁有「響尾蛇」防空飛彈和「毒刺」便攜式防空飛彈的部件。

下圖：「拉姆」飛彈在飛行途中逐漸加速到2馬赫，該型飛彈協助20毫米口徑「密集陣」近程防禦武器系統對付反艦飛彈，為戰艦提供全方位的近距離防禦。

控系統將飛彈的主動導引頭頻率傳輸給雷達干涉儀。

「拉姆」飛彈於1975年首次試射。其結構包括發動機、引信系統和「響尾蛇」防空飛彈彈頭、「毒刺」防空飛彈紅外探測器和上述的被動雷達系統。

RIM-116A飛彈的Block 0型和 Block Ⅰ型分別於1993年和1999年具備初始作戰能力，最初為美國海軍的兩棲戰艦提供保護，通常由1座21管發射器發射，還可以由1座安裝在小型艦船上的11管發射器進行發射。

技 術 規 格
RIM-116A「拉姆」
類型：要地防禦防空飛彈
機身尺寸：彈長2.82米；彈徑0.127米；翼展0.445米
重量：總重約73.5千克（162磅）；高爆破片彈頭重10千克（22磅）
性能：最大速度超過2馬赫；射程9.4千米（5.85英里）；作戰限高為低空至中空

「標準」艦載中程/遠程區域防禦防空飛彈系列

　　「標準」飛彈最初由通用電力公司設計，後來改由雷聲公司設計，於1963年開始研製。RIM-66「標準」中程飛彈和RIM-67「標準」增程飛彈相繼問世，兩者核心部件相同，分別取代了RIM-24「韃靼人」和RIM-2「小獵犬」防空飛彈。第一批飛彈命名為SM-1型飛彈（「標準」1型飛彈），安裝了固態電子設備，液壓操縱面改為電子操縱面以增加可靠性和縮短反應時間。SM-1型飛彈還安裝了新型自動駕駛儀，以便適應速度和大氣壓力等因素的變化。

　　RIM-66A型飛彈（SM-1MR Block Ⅰ）於1965年開始飛行實驗，1967年服役，安裝了與RIM-24「韃靼人」相同的雙推力火箭發動機、1個桿式彈頭和1部圓錐掃瞄雷達探測器。隨後出現了稍作改進的BlockⅡ、Ⅲ和Ⅳ型飛彈，其中BlockⅣ型是主要生產類型，其電子反干擾能力得到提升。

下圖：美國海軍「諾頓海峽」號飛彈試驗艦上配置的「標準」SM-2MR型飛彈。SM-2型飛彈經過大幅度改進，射程幾乎是最初的SM-1型飛彈的兩倍，升級了制導系統的電子設備，確保飛彈的整體性能得到提高。

SM-1MR Block Ⅴ型飛彈被命名為RIM-66B，安裝了飛機掃瞄探測器、反應更快的自動駕駛儀、新型爆炸破片彈頭和新型雙推力發動機，射程和作戰限高分別增加了45％和25％。最後的SM-1MR Block Ⅵ型飛彈是1983年的RIM-66E，它安裝了SM-2單脈衝探測器和新型近炸引信。

SM-2型飛彈是「宙斯盾」艦隊防空系統之中主要的防空飛彈，飛行最後階段採取半主動式雷達制導，通過新型慣性制導裝置和可編程Mk2自動駕駛儀（包括飛行中途升級設備）進行引導，朝預定攔截目標飛去。SM-2MR型飛彈在整個飛行過程中不需要半主動雷達制導，有效攔截射程比SM-1MR型飛彈高出60％。此外，它還增裝了單脈衝終端探測器。1978年，首批SM-2MR Block Ⅰ型飛彈開始裝備部隊，它們劃分為RIM-66C和RIM-66D兩個系列，前者部署在「宙斯盾」級艦船上，後者部署在非「宙斯盾」級艦船上。1983年問世的SM-2MR Block Ⅱ型飛彈安裝了1個新型高速破片彈頭，用來對付更快、更靈活的目標，改進型發動機使其射程增加了1倍。其中，RIM-66G型飛

下圖：美國海軍「伯克」級飛彈驅逐艦「奧凱恩」號發射「標準」SM-2型飛彈。後面以編隊隊形航行的是飛彈護衛艦「克羅姆林」號（右）和「斯普魯恩斯」級驅逐艦「福斯特」號（中間）。「伯克」級利用Mk 41型垂直發射系統發射SM-2MR型和SM-2ER型飛彈。

彈部署在「宙斯盾」級艦船上；RIM-66H型飛彈部署「宙斯盾」級艦船上，使用Mk41垂直發射系統；而RIM-66J型飛彈則部署在非「宙斯盾」級艦船上。1988年出品的SM-2MR Block Ⅲ型飛彈使用1個改進的近炸引信，後來又安裝了1部聯合雷達/紅外探測器，其中的RIM-66K型飛彈部署在非「宙斯盾」級艦船上，RIM-66L型飛彈部署在「宙斯盾」級艦船上，RIM-66M型飛彈部署在安裝有垂直發射系統的艦船上。

上圖：儘管「標準」SM-2型飛彈的外觀類似20世紀40年代末期的飛彈，但應用到了先進的「宙斯盾」防空系統中。

改進型遠程飛彈

RIM-67型飛彈取代了「小獵犬」遠程防空飛彈。RIM-67A系列飛彈是SM-1ER型飛彈，除用1台主發動機替換了雙推力發動機外，其他結構與SM-1中程飛彈相同，主發動機還輔以1台助推器。SM-2中程飛彈擁有相應的SM-2ER型版本（部署在非「宙斯盾」級艦船上），即著名的RIM-67B型飛彈。RIM-67C（SM-2ER Block Ⅱ）安裝了1台新型助推器，射程幾乎增加了1倍。RIM-67D（SM-2ER Block Ⅲ）型飛彈擁有1台新型主發動機和改進引信。RIM-156A（SM-2ERBlock Ⅳ）型飛彈於1999年宣佈服役，安裝了1台新型無翼助推器，垂直發射，部署在「宙斯盾」級和安裝有垂直發射系統的艦船上。由SM-2ER Block Ⅳ改裝的兩種反彈道飛彈將部署到升級的「宙斯盾」級艦船上，它們分別是SM-2ER Block ⅣA（RIM-156B）低空重層發射飛彈和3級SM-3（RIM-161A）高空重層發射飛彈，執行雙重任務。SM-2ER Block ⅣA型飛彈成功完成飛行試驗後，於2001年12月棄用。

2002年10月，美國海軍「伯克」級飛彈驅逐艦「希金斯」號發射一枚SM-2ER Block Ⅳ（RIM-156A）型飛彈。除了檢測武器系統存在的問題外，飛彈試射還使船員獲得了發射經驗，鍛煉了作戰技能。

技 術 規 格

RIM-66A（SM-1MR）

類型：艦載中程區域防禦防空飛彈

機身尺寸：彈長4.47米；彈徑0.343米；翼展1.07米

重量：總重578.8千克（1 276磅）；Mk51桿式高爆彈頭62千克（137磅）

性能：最大速度3.5馬赫；射程32千米（19.9英里）；作戰限高19 810米（65 000英尺）

RIM-66B（SM-1MR）

類型：艦載中程區域防禦防空飛彈

機身尺寸：彈長4.724米；彈徑0.343米；翼展1.07米

重量：總重621千克（1 370磅）；Mk 90高爆破片彈頭

性能：最大速度3.5馬赫；射程46千米（28.6英里）；作戰限高24 385米（80 000英尺）

RIM-66C（SM-2MR）

類型：艦載中程區域防禦防空飛彈

機身尺寸：彈長4.724米；彈徑0.343米；翼展1.07米

重量：總重626千克（1 380磅）；Mk115高爆破片彈頭113千克（250磅）

性能：最大速度3.5馬赫；射程74千米（46英里）；作戰限高24 385米（80 000英尺）以上

RIM-67A（SM-1ER）

類型：艦載中程區域防禦防空飛彈

機身尺寸：彈長7.976米；彈徑0.343米）；翼展0.457米

重量：總重1 343千克（2 960磅）；Mk51桿式高爆彈頭62千克（137磅）

性能：最大速度2.5馬赫；射程65千米（40.4英里）；作戰限高24 385米（80 000英尺）

RIM-67B（SM-2ER）

類型：艦載遠程區域防禦防空飛彈

機身尺寸：彈長7.976米；彈徑0.343米；助推器翼展0.457米

重量：總重1 352千克（2 980磅）；Mk115高爆破片彈頭113千克（250磅）

性能：最大速度3.5馬赫；射程148千米（92英里）；作戰限高30 480米（100 000英尺）

2002年11月21日，一枚「白羊座」彈道飛彈剛從位於夏威夷巴爾金沙灘的太平洋飛彈靶場發射出去。幾分鐘後，它便被駐珍珠港的美國海軍「宙斯盾」級巡洋艦「伊利湖」號發射的改進型SM-3型飛彈攔截。SM-3型飛彈還可以進行外層空間截擊，摧毀戰區彈道飛彈。

美國海軍「貝爾納普」級巡洋艦「溫賴特」號在聖胡安附近海域發射1枚SM-2ER型飛彈。借助於大型助推器，該飛彈射程可達150千米（93英里），改進的電子設備和制導裝置極大地增強了飛彈的性能。

SGE-30「守門員」30毫米口徑近戰武器系統

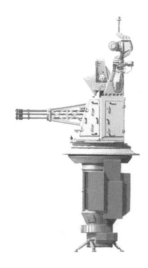

上圖：30毫米口徑「守門員」近戰武器系統採用「海火神」火炮，該型火炮從飛機上使用的「格林」GAU–8/A型7管火炮改進而來，底座上安裝了搜索和跟蹤/火控雷達。

SGE–30「守門員」海軍防空系統是1種自動雷達制導短程武器，主要用來全自動地對付高速飛彈和飛機。它以GAU–8/A火炮為基礎，安裝了7個炮管，射速每分鐘4 200發，由荷蘭電信設備公司和美國通用電子公司（現在的荷蘭泰利斯公司和通用電氣公司）聯合製造。「守門員」的所有設備都配置在同一座炮塔上。

它安裝有1部「多普勒」雷達，用I波段對目標進行搜索和識別。這部雷達以60轉/分的天線為基礎，可以發現29千米（18英里）以外的目標，同時跟蹤30個目標，並將其中4個列為攻擊對象。

目標一旦確定，1台敵我識別異頻雷達收發機就可以判斷出目標是敵還是友。如果是敵，目標便被轉交給「多普勒」雙頻I/K波段跟蹤與截擊雷達，確定目標的精確高度，在目標接近艦船時對其進行跟蹤。

「海火神」

GAU–8/A「海火神」30毫米口徑火炮的工作原理與「格

右圖：試驗階段的「守門員」近程防禦武器系統停放在試驗台上。結實的框架支撐炮管及其附件，確保最小幅度的振動，將30毫米口徑射彈的散射可能性降至最低。

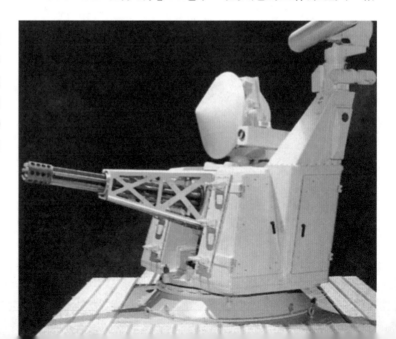

林」系統相同，從發現目標、摧毀目標到結束戰鬥，直至發現下一個目標，整個過程系統完全自動運作。

它可以擊落5米（16.4英尺）低空飛行的飛彈，還可以對付俯衝目標。荷蘭生產的搜索雷達可以發現仰角30度以上的目標。在自動模式運作時，該系統只能對付距離2~7千米（1.2～4.3英里）、速度超過540千米/時（336英里/時）的目標。

為了展開多重攻擊，雷達擁有1個自動殺傷評估子系統，確定目標的優先順序。MPDS 軟殼炸彈裝有高密度鎢合金穿甲彈，「較軟」目標由HEI炮彈對付：這些炮彈的初速度分別為1 190米/秒和1 010米/秒，1 190發炮彈儲存在無鏈供彈/磁鼓存儲系統內。1部散裝式裝填系統負責補

上圖：SGE-30「守門員」系統可以對付多個目標，能夠在500米和400米的距離內依次摧毀兩枚來襲的超音速反艦巡弋飛彈，其間轉換目標的時間僅為1秒。

技術規格

SGE-30「守門員」30毫米口徑近戰武器系統

口徑：30毫米口徑（1.18英吋）

炮管：7管

仰角：-25°～+80°

初速：1 010或1 190米（3 318或3 900英尺）/秒

有效射程：2 000米（2 185碼）

射速：4 200發/分鐘

重量：包括彈藥，9 881千克（21 784磅）

彈藥數量：1 190發

充和排雷炮彈。艦炮可以每秒100度的速度左右旋轉360度，每秒還可以從80度下降到–25度、上升至+80度。

「守門員」近戰武器系統於1980年服役，目前被英國、荷蘭、韓國等一些國家海軍所應用。

「梅羅卡」20毫米口徑近戰武器系統

「梅羅卡」近程防禦武器系統由CETME公司和巴贊公司（後者現成為伊薩集團的一部分）開發，擁有1座炮塔；2排20毫米口徑「厄利空」防空火炮，每排6門；1台整合了數字火控計算機的PDS-10控制台；1部RAN-12/L搜索和目標指示

下圖：西班牙海軍「阿斯圖里亞斯親王」號輕型航空母艦上安裝了4部「梅羅卡」近程防禦武器系統，2部位於飛行甲板邊緣下方的外傾平台前端，另外2部位於船尾上方。

雷達；1部攜帶低光熱成像電視照相機的PVS-2「狙擊手」
單脈衝「多普勒」跟蹤雷達。炮管綜合射速為每分鐘9 000
發，但底座本身只攜帶720發。3個外置彈倉分別攜帶240
發。正常戰鬥模式下由雷達控制，但照相機可以通過1部監
視器和甲板下控制台上的控制設備進行人工應急操作。「梅
羅卡」Mod 2B型近戰武器系統擁有更先進的火控處理器和英
迪拉公司生產的（前國營光學有限公司）熱成像系統。

西班牙訂購了20套「梅羅卡」20毫米口徑近戰武器系
統，取代了造價更高的從外國購買的近程防禦武器系統。最
初，西班牙海軍旗艦「阿斯圖里亞斯親王」號航空母艦安裝

技術規格

「梅羅卡」近戰武器系統
口徑：20毫米口徑（0.78英吋）
炮管：12管
仰角：-15°～+85°
初速：1 290米（4 232英尺）/秒，攜帶脫殼穿甲彈
有效射程：2 000米（2 185碼）
射速：9 000發/分鐘
重量：4 079千克（8 993磅）
底座彈藥數量：720枚（見正文）

了4部「梅羅卡」武器系統，6艘「瑪利亞」級護衛艦各自安裝1部，5艘「巴里阿里」級護衛艦每艘安裝2部。西班牙海軍宣稱，利用12發0.102千克脫殼穿甲彈摧毀1枚飛彈的概率是87%。

「博福斯」40L60 和 40L70 型 40毫米口逕自動火炮

最初的「博福斯」自動防空火炮之所以命名為40L60，是因為它安裝有40毫米口徑的L/60型炮管，它最早於1936年服役，現在仍在許多國家海軍服役。它的使用壽命和性能長期吸引著全世界的海軍。40L60武器儘管已停產多年，但最近在一些新建戰艦上仍然發現了修復後的該型武器。

現在主要生產的是1948年問世的「博福斯」40L70型火炮，經過大量改進後性能提高，安裝了1根更長的L/70型炮管。3種基準型的單管炮塔可以架設40L70型火炮，不過安裝的自動化設備數量不同。火炮可以實地控制也可以遙控，遙控是利用甲板下火控系統或甲板上光學制導儀完成的。

右圖：「博福斯」40L70型火炮配置1台「奧托佈雷達」自動彈藥填裝器（可容納144發炮彈），從而使操作人員減少為2人。第三人待命，以便在發射間歇為補給設備裝填彈藥。

技術規格

「博福斯」40L60型自動火炮
口徑：40毫米口徑（1.57英吋）
炮管：1門
仰角：-10°～+80°
初速：830米（2 723英尺）/秒
有效射程：3 000米（3 280碼）
射速：120發/分鐘
重量：不確定，主要介於1 200～2 500千克（2 646～5 511磅）
　　　之間
彈藥數量：不確定，取決於炮塔類型

「博福斯」40L70型自動火炮
口徑：40毫米口徑（1.57英吋）
炮管：1門
仰角：-10°～+90°
初速：1 005～1 030米（3 297～3 379英尺）/秒
有效射程：4 000米（4 375碼）
射速：300發/分鐘
重量：（不包括彈藥）SAK 40L70-350火炮重2 890千克（6 371
　　　磅），SAK 40L70-315火炮重1 700千克（3 748磅），
　　　SAK 40L70-520火炮重3 790千克（8 355磅）
彈藥數量：SAK 40L70-350火炮96發，SAK 40L70-315火炮96
　　　　　發，SAK 40L70-520火炮144發

下圖：比較流行的40L70型「博福斯」火炮採用單管發射或雙管發射，其中的緊湊型雙聯裝炮塔目前仍在服役。

近炸引信

為了增強老式的40L60型自動火炮的殺傷力，又特意研製出2種新型炮彈——帶有1根近炸引信的PFHE炮彈和攜帶跟蹤器的穿甲高爆彈。40L70火炮擁有自己的彈藥，包括PFHE彈、榴彈炮高爆彈、攜帶跟蹤器的高爆彈和練習彈。「多普勒」雷達近炸引信安裝到2種PFHE炮彈上，可以對付飛彈。40L60型炮彈的殺傷半徑為4.5～6.5米，40L70型炮彈的殺傷半徑為1～7米（3.28～22.97英尺），但實際殺傷效果則取決於目標艦艇的尺寸和類型。

「佈雷達」炮塔

40L70型火炮還被安裝到意大利製造的40毫米口徑單管和雙聯裝「佈雷達」炮塔上，先後有二十多個國家的海軍使用該系統，包括意大利海軍「加里波第」級反潛航空母艦、「維托里奧・維內托」級直升機巡洋艦以及「狼」級、「阿蒂格利爾」級和「西北風」級護衛艦。

GAM-BO1和GBM-AO1型20/25毫米口徑海軍防空火炮

20毫米口徑的GAM-BO1單管炮座沒有動力裝備，使用「厄利空—比勒」自動火炮，可以對付2 000米（2 185碼）

右圖：25毫米口徑GBM-AO1型火炮的特徵與20毫米口徑火炮相似，但發射的炮彈更重。它的重量較輕，可以安裝到體積最小的飛彈快艇上，無需電力驅動。

技 術 規 格

GAM-BO1防空火炮

口徑：20毫米口徑（0.787英吋）

炮管：1根

仰角：-15°～+60°

初速：1 050米（3 444英尺）/秒

有效射程：見正文

射速：600發/分鐘

重量：（不包括彈藥）500千克（1 102磅）

彈藥數量：200發

外的水面艦艇目標和1 500米（1 640碼）外的與飛機尺寸相當的目標。如果需要，還可以安裝夜視設備。許多國家海軍採用了這種武器，其中，西班牙海軍的「拉薩加」和「巴斯羅」級飛彈快艇，英國皇家海軍「無敵」級航空母艦、「郡」級、42型和82型驅逐艦以及22型護衛艦安裝2門GAM-

下圖：第二次世界大戰中廣泛應用的20毫米口徑「厄利空」人工操作火炮目前仍在服役，安裝了更先進的火炮和環形瞄準系統。圖中所示的是安哥拉海軍的「參宿五」級巡邏艇安裝的火炮，該艇從葡萄牙海軍手中購得。

下圖：20毫米口徑「厄利空」GAM–BO1型火炮是一種結構相對簡單的武器，輕便結實，被很多國家海軍所接納。馬爾維納斯群島戰爭後，英國皇家海軍開始採納該型火炮，用來提高近距離防空能力。

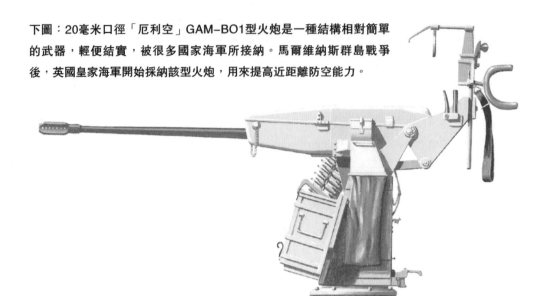

BO1型火炮，「利安德」3型護衛艦也安裝了1門該型火炮。英國皇家海軍總結馬爾維納斯群島戰爭的經驗，接納了該火炮。

為了增強火力，更大型的25毫米口徑GBM–AO1型炮座裝置問世，特徵與GAM–BO1相似，但架設了25毫米口徑的KBA–C02型火炮，2條喂彈彈帶。其射程與20毫米口徑火炮相同，但炮彈更重。有數個國家的海軍採用了這種武器系統。

技 術 規 格

GBM-AO1防空火炮

口徑：25毫米口徑（0.984英吋）

炮管：1根

仰角：-15°～+50°

初速：1 100米（3 609英尺）/秒

有效射程：見正文

射速：570發/分鐘

重量：（不包括彈藥）600千克（1 323磅）

彈藥數量：200發

上圖：圖中這艘英國皇家海軍42型驅逐艦安裝了1門雙聯裝30毫米口徑「厄利空」火炮，
炮管成最大仰角抬起。後來，安裝在該級戰艦上的GCM–A型火炮逐步被6管20毫米口徑的
「密集陣」近距離防禦武器系統所取代。

GCM-A型30毫米口徑雙聯裝防空火炮

　　30毫米口徑GCM-A型火炮裝置（採用「厄利空—比勒」火炮）有3個不同的版本：GCM-AO3-1型火炮，具有1個封閉的炮手射擊位置，通過1部火控系統進行穩定控制和光學遙控控制；GCM-AO3-2型火炮，本質上與GCM-AO3-1型相同，但擁有1個開放式的炮手射擊位置；GCM-AO3-3型，沒有炮手射擊位置，只安裝了遙控設備。GCM-AO3型火炮裝置使用的30毫米口徑KCB型火炮還可以安裝到美國製造的雙聯裝30毫米口徑「埃默萊克」-30系統和英國「勞倫斯·斯科特」（防禦系統）單管LS30B系統上。

　　由於直接受到馬爾維納斯群島戰爭缺乏近程防空火炮的影響，同時為了增加輔助武器系統，英國皇家海軍從英國製造和研究公司購買了大量的GCM-AO3-2型火炮，安裝到唯一一艘82型驅逐艦「布里斯托爾」號以及剩餘的12艘42型驅逐艦上。「謝菲爾德」號和「考文垂」號已在南大西洋的衝突中沉沒。為了安裝必需的2門火炮，42型驅逐艦攜帶的小型潛水器被迫移除，以防止艦艇超重。

下圖：馬爾維納斯群島戰爭後，英國皇家海軍從英國製造和研究公司購買了大量的30毫米口徑雙聯裝防空火炮，安裝了費蘭迪公司生產的陀螺前置角計算瞄準具，對現有的近程防空武器系統進行補充。

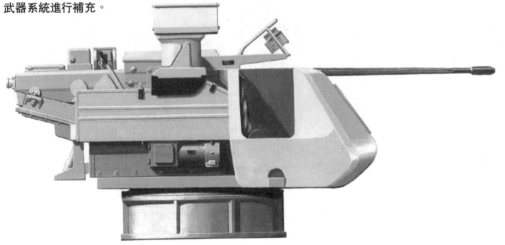

左圖：GCM-A型火炮普遍地安裝在小型水面艦艇上。A03-2型擁有一個開放式的炮手射擊位置，全重2 515千克（5 545磅），可以人工控制和遙控。

30毫米口徑的GCM-A型雙聯裝防空火炮的初速度與英國皇家海軍選擇的20毫米口徑「厄利空」火炮相似，但射彈的威力更大，火力是「厄利空」的3倍，對抗空中威脅的有效射程大大增加。

技 術 規 格

GCM-A型30毫米口徑雙聯裝防空火炮

口徑：30毫米口徑（1.181英吋）

炮管：2門

仰角：-10°～+75°

初速：1 080米（3 543英尺）/秒

有效射程：3 000米（3 80碼）

射速：1 300發/分鐘

重量：（包括彈藥）A03-1型重2 910千克（6 415磅），
A03-2型重2 515千克（5 545磅），A03-3型重2 560
千克（5 644磅）

彈藥數量：A03-1/2型為500發，A03-3型為640發

上圖：雙聯裝35毫米口徑OE/OTO型火炮系統由奧托．梅萊拉私營公司製造，使用「厄利空」KDA型35毫米口徑火炮。

GDM-A型35毫米口徑雙聯裝防空火炮

　　無論是在理論上還是在設計上，35毫米口徑的GDM-A型海軍火炮都與性能優異的「厄利空」雙聯裝35毫米口徑GDF型陸基防空火炮相似，主要用來對付空襲，如果需要，還可以用來對付水面和地面目標。它是一種穩定的全天候武器系統，電子控制裝置位於甲板下。安裝的KDC火炮可以

技 術 規 格
GDM-A型35毫米口徑雙聯裝防空火炮
口徑：35毫米口徑（1.378英吋）
炮管：2管
仰角：-15°～+85°
初速：1 175米（3 855英尺）/秒
有效射程：3 500米（3 830碼）
射速：1 100發/分鐘
重量：（不包括彈藥）6 520千克（14 374磅）
炮彈數量：336枚

全自動操作。炮塔有3種控制模式：由1部甲板下火控系統或1部安裝有輔助計算機的甲板上光學瞄準系統全自動控制；炮手利用1個操縱桿和陀螺穩定瞄準具進行控制；當火炮動力切斷時，利用兩個手輪和瞄準具進行緊急人工控制。每門火炮配備56發待用炮彈，以及另外224發儲備炮彈。至少有5個國家在軍艦上安裝了這種炮塔，它們分別是厄瓜多爾、希臘、伊朗、利比亞和土耳其。此外，意大利研製的35毫米口徑的海軍炮座被命名為「厄利空」GDM-C型。

上圖：最初的「厄利空」火炮被廣泛用作海軍武器，GDM-A型炮座上的35毫米口徑KDC火炮是由20世紀50年代後期的拖曳式武器改進而來。意大利的「厄利空」GDM-C型炮座安裝了稍重的改進型KDA火炮。

AK-230型、AK-630/M型和AK-306型30毫米口徑防空火炮

　　AK-230 L/60型火炮是前蘇聯第一種30毫米口徑火炮，在1960年服役，取代了新建的主力艦和輔助艦上安裝的老式25毫米口徑L/60型雙聯裝防空火炮。由於其外部特徵，小型封閉炮塔通常被稱為「戴立克」。2門30毫米口徑火炮

上圖：雙聯裝自動火炮的30毫米口徑炮塔是蘇聯海軍輕型艦船上的標準設備。如圖所示，這座炮塔安裝在蘇聯海軍一艘「奧沙」I級飛彈艇的艇艏。這種炮塔還廣泛出口到蘇聯的盟國。

全自動運作，炮管為水冷式。從理論上說，火炮的最大射速為每分鐘1 050發，為防止損毀，實際最大射速為每分鐘200～240發，通常與1部「歪鼓」火控雷達或1部遙控光學制導儀一起工作。在小型艦船上，AK–230型火炮還可以執行反艦任務，最大有效射程為2 600米（2 845碼），射彈重0.54千克（1.2磅）。該火炮系統廣泛出口到蘇聯的盟國，充

技 術 規 格
AK-230型30毫米口徑防空火炮
口徑：30毫米
炮管：2管
仰角：0°～＋85°
初速：1 000米（3 281英尺）/秒
有效射程：2 500米（2 735碼）
射速：1 050發/分鐘
AK-630型30毫米口徑防空火炮
口徑：30毫米
炮管：6管
仰角：0°～＋85°
初速：1 000米（3 281英尺）/秒
有效射程：3 000米（3 280碼）
射速：3 000发/分钟

當「奧沙」級飛彈艇的主要艦炮裝置。

　　為了對付飛彈攻擊，蘇聯進一步開發30毫米口徑火炮，生產出了AO-18「格林」火炮，6根30毫米口徑火炮管位於大型圓桶狀炮塔內，命名為AK-630型。該型艦炮裝置始於1963年，首門樣炮於1964年生產，直到1966年才進行武器試驗。該火炮於1967年服役，兩年後投入生產。AK-630型火炮的射速快，炮彈重0.54千克，擁有高密度金屬穿甲彈，可以近距離摧毀與巡弋飛彈相當的目標。

　　AK-630型火炮通常成對安裝，配合1部「低音帳篷」火控雷達使用，先後安裝到「基輔」級、「金達」級、「無畏」級、「現代」級、「光榮」級和「克列斯塔」Ⅱ級艦船上，經過改進後還安裝到一些老式艦船上。在小型艦船上通常只安裝1門AK-630火炮，攜帶1部火控雷達。AK-630型火炮從1個扁平彈倉內取彈，而由最初火炮改進而來的AK-630M型則從1個鼓形彈倉內取彈。

AK-630M型火炮

　　AK-630M型和AK-630型從屬於綜合自衛系統，其集體名稱是A-213「三角旗」-A型火炮系統，包括AO-18型6管火炮、1部火控雷達和光學及電視火控系統。1部「三角

左圖：蘇聯的近程防禦武器系統數量較多，「基洛夫」級核動力巡洋艦之類的艦船安裝了多達8門的30毫米口徑「格林」火炮，圖中的4個船尾炮塔清晰可見。蘇聯還為該系統開發出了一種高密度穿甲彈。

旗」系統可以控制2門30毫米口徑火炮，或1門30毫米口徑火炮和1門50毫米口徑火炮。

AK-630M型火炮可以攻擊空中目標，射程超過4 000米（4 375碼），攻擊水面目標時的射程為5 000米（5 470碼）。電視瞄準系統可以在超過7.5千米（4.6英里）的範圍內發現大小與魚雷艇相當的艦船，還可以發現7 000米（7 655碼）高空的目標。

AK-306型火炮

1983年，蘇聯決定將AK-630型火炮改進為AK-630M1-2型火炮，額外增加一座6管炮塔，但後來放棄了這個計劃。

AK-306型火炮由AK-630型改進而來，體積更小，安裝在水翼艇、水面飛艇和快速攻擊艇之類的輕型艦船上。AK-630型和AK-306型（或A-219）之間的區別在於後者的自動發射系統採用電力驅動，並不像早期火炮那樣由氣壓式驅動，同時它僅僅安裝了1部光學火控系統，沒有雷達裝置。鑒於這種情況，該型火炮不適合攻擊空中目標，而是適於對付水面目標。AK-306型火炮於1974年開始設計，直到1980年才開始服役。

AK-725型57毫米口徑防空火炮

ZIF-71型單管L/70型火炮是蘇聯海軍最老式的57毫米口徑防空火炮，曾安裝在一些「斯科利」級驅逐艦之上。隨後

下圖：蘇聯海軍「格里莎」Ⅲ級輕型巡洋艦的艦艉安裝了雙聯裝57毫米口徑火炮系統，這種系統於20世紀60年代出現，是一種水冷式全自動火炮系統。

左圖：蘇聯海軍「卡寧」級戰艦的船艏位置安裝了兩套57毫米口徑四聯裝火炮裝置，能夠發射近炸引信炮彈。

於20世紀60年代末又出現了ZIF–31型和ZIF–74型雙管火炮，最初安裝到很多的T–58級巡邏艇和雷達巡邏艇之類的小型艦艇上。ZIF–75型四聯裝火炮是最後的版本，2對炮管雙重排列。以上3種系統均可以進行近控制，雙聯裝和四聯裝火炮借助「鷹叫」或「皮手籠」火控雷達為甲板下的電子設備獲取目標數據，炮彈重2.8千克。後來安裝了近炸引信，增加了摧毀飛彈的能力。ZIF–75型四聯裝火炮還可以對付水面目標，最大有效射程8 000米（8 750碼）。

20世紀60年代初期出現了一種新型的AK–725（ZIF–72）型雙聯裝57毫米口徑L/80型水冷式兩用火炮，可以從甲板下的彈藥裝卸室自動提取彈藥，使用「皮手籠」或「低音帳篷」火控雷達，所使用的彈藥類型與L/70型火炮相同。

然而，AK–725型火炮不能有效地對付越來

技 術 規 格
AK–725型57毫米口徑防空火炮
口徑：57毫米口徑（2.24英吋）
底座重量：14.5噸
炮管：2管
仰角：-10°～+85°
初速：1 020米（3 346英尺）/秒
最大射程：8 450米（9 240碼）
射速：200发/分钟
ZIF–75型57毫米口徑防空火炮
口徑：57毫米（2.24英吋）
底座重量：17吨
炮管：4管
仰角：-10°～+85°
初速：1 020米（3 346英尺）/秒
最大射程：8 000米（8 750碼）
射速：100发/分钟

越常見的掠海飛彈。在1987年蘇聯海軍的一次演習中,一枚慣性制導飛彈在鎖定「納努契卡」級小型飛彈艇「穆森」號後發射,後者的AK–725型火炮立即開火進行攔截,卻未能擊落該枚來襲飛彈,該艇不幸被飛彈擊中,39名艇員全部喪生。

「海衛」25毫米口徑近戰武器系統

25毫米口徑的「海衛」海軍防空綜合體系屬於一種近戰武器系統,由瑞士、意大利和英國合作開發,由甲板上搜索和跟蹤模塊、1座可架設4門25毫米口徑KBB–RO3/LO4型火炮的GBM–B1Z「海洋之巔」炮塔、1個甲板下彈藥補給裝置和炮手控制台組成。控制台與相關電子設備相連。搜索模塊包括1部G波段雷達,跟蹤模塊包括1部J波段雷達、1部前視紅外傳感器和1部激光測距儀。

右圖:第一個接收25毫米口徑「海衛」近程防禦武器系統的外國客戶是土耳其海軍,安裝到「巴巴拉斯」和「亞維茲」級飛彈護衛艦之上。彈藥無需二次裝填就可以對付14個目標。

技 術 規 格
「海衛」25毫米口徑近戰武器系統 口徑：25毫米 底座重量：7.09噸 炮管：4管 仰角：-14°～+127° 初速：1 355米（4 446英尺）/秒 有效射程：100～3 500米（110～3 830碼） 射速：3 400發/分鐘 彈藥數量：1 660發

上圖：「海衛」近程防禦武器系統和其他大多數近戰武器系統之間的明顯差別在於擁有4根炮管，可以獨立地供給彈藥。

火炮彈藥補給

每門火炮從甲板下待發彈藥庫獨立進彈。彈藥庫彈藥充足，無需二次裝填就可以對付18～20個不同目標。對付飛彈時的射程為100～1 500米（110～1 640碼），對付飛機時的最大射高為3 500米（3 830碼）。

彈藥類型包括高爆燃燒彈和1種反飛彈脫殼穿甲彈。如果需要，該套火炮系統可以抬升至127度，攻擊那些急劇俯衝的目標。「海衛」系統被土耳其海軍安裝在8艘「巴巴拉斯」級和「亞維茲」級護衛艦上。

LS30R型和DS30B型30毫米口徑海軍艦炮裝置

20世紀80年代初期，英國勞倫斯·斯科特公司（防禦系統）為30毫米口徑「拉爾登」氣動式火炮生產出一種輕型海軍艦炮裝置，這就是LS30R型艦炮裝置。這種「拉爾登」火炮由英國皇家武器研究發展中心設計，最初安裝在英國大量的輕型裝甲戰艦上充當主要火力設施。LS30R型艦炮裝置使用電力驅動，擔任小型海軍艦船的主炮系統，同時還可以擔任護衛艦乃至驅逐艦等大型艦船的輔炮系統，主

技術規格

DS30B型30毫米口徑海軍艦炮裝置

口徑：30毫米

炮管：1管

仰角：-20°～+65°

初速：1 080～1 175米（3 543～3 854英尺）/秒

有效射程：對付艦船時為10 000米（10 935碼），對付飛機時為2 750米（3 005碼）

射速（循環）：650發/分鐘

重量：包括彈藥1 200千克（2 645磅）

彈藥數量：160發

要提供近戰保護，對付快速攻擊艦等靈活的水面目標。

英國皇家海軍進行了大量的試驗，包括在海上的「倫敦—德里」號護衛艦和陸上的樸茨茅斯射擊靶場進行轉型試驗。這些試驗證明該型武器系統的射擊精度高，在能見度良好或較好的情況下，命中率達到80%，誤差在

右圖：在短距離內捕獲快速逼近的目標時，「厄利空」KCB火炮比「拉爾登」火炮更為出色，其射速更快、射程更遠。

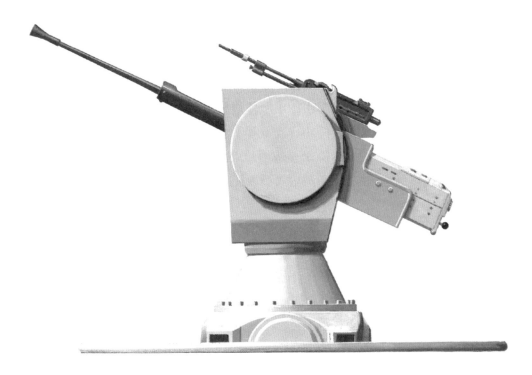

2平方米（21.5平方英尺）之內，射程1 000～1 300米（1 095～1 420碼）。

　　如果需要，該型艦炮裝置還可以配備1部射擊指揮儀、圖像增強器、紅外照相機和/或遠射低光電視照相機。「拉爾登」火炮發射的彈藥類型包括高爆彈、二次效應穿甲彈和脫殼穿甲彈。

　　英國皇家海軍把LS30R型艦炮系統安裝在戰艦上，取代了以前的老式艦炮，如20毫米口徑「厄利空」和40毫米口徑「博福斯」武器。

　　英國原計劃從1986年開始生產LS30B型艦炮裝置，並首先安裝在近海巡邏艇上。然而其早期的表現使人們對於111千克重的「拉爾登」L/85型火炮的真實價值產生了懷疑。它可以精確地打擊目標，射程和殺傷力十分有效，但射速有限，只能發射6發彈藥，從3個彈倉中提彈，射速每

上圖：LS30R型艦炮裝置射速低，彈藥補給有限，這意味著在主要武器進行有效發射前，必須首先用1挺機槍瞄準目標進行射擊。

分鐘僅為90發。

安裝改進型30毫米口徑「厄利空」KCB型火炮的是LS30B型艦炮裝置，安裝「毛瑟」Model F型火炮的是LS30F型艦炮裝置。158千克（348磅）的「厄利空」L/75火炮成為DS30B型艦炮裝置的標準武器設施，DS30B型艦炮裝置與Mk 5型光學火控導儀配合使用。與「拉爾登」相比，KCB彈帶補給式火炮的主要優勢在於其650發循環射速及90發重複發射能力。

「埃默萊克」-30型30毫米口徑雙聯裝海軍艦炮

下圖：「埃默萊克」-30型30毫米口徑雙聯裝海軍艦炮系統可以由艦船上的主要火控中心控制，並且為炮手準備了1個裝備有夜間瞄準具的空調艙。

「埃默萊克」-30型30毫米口徑雙聯裝海軍艦炮由艾默生電氣公司設計製造，最初是EX-74 Mod 0型，計劃安裝在美國海軍的近海巡邏艇和攔截艇上，結果只有一門樣炮問世。EX-74型艦炮結合「科摩根」Mk35型潛望制導儀，與Mk93火炮控制系統一起使用。

EX-74型艦炮以2門「厄利空」KCB火炮為基礎，逐步改進，並作為「埃默萊克」-30型艦炮出口。它擁有一間炮

技 術 規 格

「埃默萊克」-30型30毫米口徑雙聯裝海軍艦炮

口徑：30毫米

炮管：2管

仰角：-15°～+80°

初速：1 080～1 175米（3 543～3 854英尺）/秒

有效射程：對付艦船時為10 000米（10 935碼），對付飛機
　　　　　時為2 750米（3 005碼）

射速(循環)：1 300發/分鐘

重量：1 885千克（4 156磅），不包括彈藥

彈藥數量：1 970發

手環境控制室、1部夜成像加強瞄準具和1個完整的甲板下彈倉。艦炮可以由艦船火控系統遙控操縱。緊急情況下，攜帶的一組電池可以提供所需的全部動力，發射全部備用彈藥。此外，該型艦炮還安裝了人工火炮控制設備。

從1976年起，該型艦炮持續投入生產，曾被哥倫比亞、厄瓜多爾、埃塞俄比亞、希臘、馬來西亞、尼日利亞、菲律賓、韓國和中國台灣等國家和地區海軍購得，通常安裝在飛彈快艇和大型巡邏艇上，作戰能力強，可以有效地對付飛機和輕型水面艦艇。

「埃默萊克」-30型30毫米口徑雙聯裝海軍艦炮可以進行360°旋轉：平轉速度每秒90°角，抬升速度每秒鐘80～85°仰角，旋轉時加速度極高。「埃默萊克」-30艦炮KCB型火炮最常用的彈藥是殺傷燃燒彈、半穿甲爆破燃燒彈和脫殼穿甲彈。殺傷燃燒彈和半穿甲爆破燃燒彈每發重0.87千克，射彈重0.46千克，初速度1 080米/秒。殺傷燃燒彈攜帶36克的高性能炸藥，半穿甲爆破燃燒彈射彈攜帶26克相同的炸藥，可以穿透1 000米外的12毫米厚的防護裝甲。脫殼穿甲彈的初速度為1 175米/秒。

下圖：包括1 970發炮彈（985發/管）在內的「埃默萊克」-30型艦炮的甲板以上部件重3 748千克（8 263磅），甲板以下部件重295千克（650磅），總重4 043千克（8 913磅）。

本頁圖：「密集陣」Mk 15型系統一旦被激活就會自動化運作，閉環火控系統跟蹤入侵目標和發射射彈，盡量使兩者在時間和空間上保持一致，確保在來襲飛彈命中艦船之前將其摧毀。

「密集陣」Mk15型20毫米口徑海軍近戰武器系統

通用電力公司、休斯公司和雷聲公司相繼生產了「密集陣」Mk 15近戰武器系統,用來自動搜索與偵察、進行目標威脅評估,作為最後一道防線跟蹤攻擊高性能反艦飛彈和飛機。「密集陣」設有20毫米口徑的M61A1 6管「格林」火炮,液壓驅動,攜帶989發脫殼穿甲彈,發射貧鈾射彈,確保短距離內摧毀來襲的飛彈。它有2部雷達,1部用來獲取目標(安裝在頂部),另1部用來跟蹤目標和射彈(安裝在前端)。

原型系統於1973年從海面首次發射,基準型的Mk 15 Block 0型艦炮於1977年底投產,首批艦炮在1980年安裝到美國海軍「企業」號和「美國」號航空母艦之上。

1988年出品的Mk 15 Block 1型艦炮改為氣壓式操作,最大射速從3 000發/分鐘增至4 500發/分鐘,使用鎢穿甲彈而非

右圖:美國海軍一部「密集陣」Mk 15型火炮系統在一次夜間演習中開火。它可以攜帶989發或1 550發(後來的設計)的20毫米口徑炮彈。

技 術 規 格

「密集陣」Mk 15 Block 1B海軍近戰武器系統

口徑：20毫米口徑

炮管：6管

仰角：-20° ~ +80°

初速：1 113米（3 650英尺）/秒

有效射程：1 485米（1 625碼）

射速：4 500發/分鐘

重量：6 169千克（13 600磅）

彈藥數量：1 550發

貧鈾彈，同時還改進了雷達和處理軟件。Mk 15 Block 1A型艦炮使用一種高端命令處理語言。1999年出品的Mk 15 Block 1B型艦炮增加了1部側置綜合前視紅外傳感器，以便更好地對付低空和/或盤旋目標，尤其是存在全天候電子干擾的情況下，同時發射新型的增強殺傷能力彈藥。基本的2C改進型艦炮擁有綜合多武器運作能力。

「密集陣」系統廣泛應用在西方多個國家海軍之中。

「佈雷達」緊湊型Tipo 70型 40毫米口徑 L/70雙聯裝海軍艦炮

「佈雷達」緊湊型Tipo 70 40毫米口徑L/70雙聯裝海軍艦炮由佈雷達機械公司和博福斯公司聯合設計，具備有效

下圖：在小型飛彈快艇上，「佈雷達」緊湊型Tipo M艦炮可以安裝在艇艏充當主炮，用來對付水面和空中目標，它是對付這兩種目標經濟實用的武器。

上圖：儘管缺乏一種真正的近戰武器系統的自動化作戰能力，但「佈雷達」緊湊型Tipo 70艦炮系統的2門40毫米口徑火炮的性能非常強大，能夠發射高威力炮彈，不但攜彈量大，炮管的旋轉速度和抬升速度也非常高。

的要地防禦能力，對付飛機和反艦飛彈。整套武器設備全自動操作，射擊速率高，大量備用彈藥遙控供給2門火炮。艦炮分為Tipo A型和Tipo B型兩種型號，區別僅僅在於自身的重量和彈倉儲存的炮彈量（Tipo A型為736發，Tipo B型為444發）。彈倉分為兩部分，每個部分安裝1台升降機，各負責1根炮管。這種艦炮發射3種40毫米口徑彈藥：穿甲曳光彈、帶有1根順發引信的高爆彈藥和帶有1根近炸引信的高爆炸藥。兩種炮塔在全世界大量製造，廣泛應用於多個國家海軍，主要充當飛彈艇的輔助火力。

「達多」近戰武器系統

「佈雷達」緊湊型Tipo 70 40毫米口徑L/70雙聯裝艦炮安裝了1部「塞萊尼」RTN-20X型I波段火控雷達，通過電子通信線路直接與艦船主要監視雷達和火控系統連接，成為「達

多」近戰武器系統的組成部分，專門用來對付高速反艦飛彈，利用炮塔的快速反應、高射速和近炸引信彈藥圓滿完成該項任務。「達多」近程防禦武器系統廣泛裝備在意大利海軍護衛艦以及更大型的艦船上，並出口到購買過意大利護衛

上圖：「佈雷達」緊湊型Tipo 70型艦炮廣泛用作輕型飛彈巡洋艦之類艦船的輔助艦炮，可以有效地對付飛機和飛彈以及快速攻擊艇。

技 術 規 格

「佈雷達」緊湊型 Tipo 70型 40毫米口徑L/70雙聯裝海軍艦炮

口徑：40毫米

炮管：2管

重量：（包括彈藥）Tipo A型7 300千克（16 093磅）．Tipo B型
　　　6 300千克（13 889磅）

仰角：0°～＋85°

初速：1 000米（3 281英尺）/秒

有效射程：3 500～4 000米（3 830～4 375碼）．取決於目標類型

射速：600發/分鐘

攜帶彈藥數量：見正文

艦和輕型飛彈巡洋艦的多個國家。

「依卡拉」反潛飛彈

「依卡拉」最初是全天候飛彈，由澳大利亞負責研製，鑒於英國皇家海軍對該系統深感興趣，於是英國航空航天公司也參與了該項目，GWS Mk 40型飛彈就這樣問世了。接下來是改進型的「依卡拉」飛彈，主要為巴西海軍製造。與澳大利亞海軍和英國皇家海軍的系統不同的是，巴西的「依卡拉」飛彈安裝了1套專門的飛彈跟蹤和制導設備，與發射平台的2部火控計算機之中的1部進行整合。此外，該型飛彈還配置了1部新型輕型半自動飛彈處理系統。

固體燃料火箭

「依卡拉」由1部固體燃料組合助推器和主火箭發動機驅動，所有的型號均在1個支座上發射，抵達目標附近的魚雷降落位置。魚雷位置數據由發射平台聲吶或者由其他艦船

下圖：「依卡拉」發射後，其飛行路線由艦船計算機控制。計算機計算出釋放Mk 44或Mk 46魚雷的最佳位置。

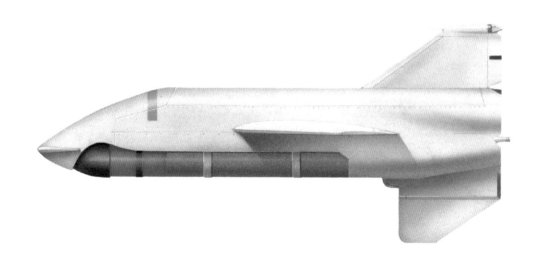

或直升機等遠距離目標傳輸。獲取的信息不斷更新艦船火控計算機上的最佳降落位置，接著計算機把位置信息（由艦船的無線電/雷達制導系統指揮控制）傳輸給飛行中的飛彈。「依卡拉」抵達目標區域後，魚雷（輕型Mk 44 或Mk 46制導魚雷，半封閉隱藏在飛彈體內）通過通信線路指令彈射出來。「依卡拉」繼續前進，清除區域障礙墜落，而魚雷則借助降落傘下落，抵達最佳方位後進入海中開始搜索目標。

安裝「依卡拉」飛彈的艦船包括巴西海軍的「尼泰羅伊」級反潛護衛艦（4艘艦船安裝1座發射器和10枚飛彈）、澳大利亞皇家海軍的「佩思」級驅逐艦（3艘艦船每艘安裝2座發射器和24枚飛彈）和「江河」級護衛艦（6艘艦船每

上圖：「依卡拉」屬於一種制導飛彈，攜帶1枚自動尋的魚雷，飛彈在接近目標區域時開始釋放自動尋的魚雷，而後魚雷開始搜索目標。

技 術 規 格

「依卡拉」反潛飛彈

艦艇尺寸：彈長3.42米；翼展1.52米；高度1.57米

重量：取決於攜帶的有效載荷

有效載荷：輕型反潛制導魚雷（Mk 44 或Mk 46）

性能：最大速度0.8馬赫；射程24千米（15英里）

上圖：「依卡拉」從巴西海軍Mk 10型護衛艦「德豐索拉」號上發射。巴西「依卡拉」飛彈不同於最初的樣式，安裝了1套特殊用途的飛彈跟蹤和制導設備，與2台火控計算機中的1台聯成一體。

艘安裝1座發射器和24枚飛彈）、英國皇家海軍唯一的一艘82型驅逐艦「布里斯托爾」號（安裝了1座發射器和20枚飛彈）和「利安德」1級改進型護衛艦（每艘安裝1座發射器和14枚飛彈）以及新西蘭皇家海軍唯一的一艘「利安德」1級改進型艦艇「南國」號（前「迪多」號）。英國皇家海軍在另外一艘「利安德」1級戰艦「阿賈克斯」號上部署了「依卡拉」飛彈，後來該系統被拆除。

改進型飛彈

澳大利亞與意大利合作生產了1種改進型「依卡拉」飛彈，包括折疊直尾翼、1座箱式發射器和「奧托馬特」反艦飛彈制導系統。根據購買者的要求，改進型「依卡拉」可以攜帶2枚澳大利亞的魚雷，或者瑞典的42型系列魚雷、意大利的A244/S和AS290型魚雷以及英國的「浦魚」魚雷。

「瑪拉豐」反潛飛彈

拉泰科埃爾航空工業協會於1956年開始研製「瑪拉豐」

技 術 規 格

「瑪拉豐」反潛飛彈

艦艇尺寸：彈長6.15；翼展3.3米；彈徑0.65米

重量：1 500千克（3 307磅）

彈頭：L4型音響制導魚雷

性能：最大速度可達到低亞音速；射程13千米（8.1英里）

艦對潛有翼飛彈，截至1959年共完成了21次試射。1962年首次進行海上發射和制導試驗，1964年對20多次發射進行全面的系統評估，1965年展開最後一次實驗。

反潛武器

「瑪拉豐」飛彈是一種主要反潛武器，如果需要，還可以攻擊水面目標。艦船聲吶負責探測水下目標，雷達負責探測水面目標。「瑪拉豐」飛彈從斜軌上發射，2部可分離的固體燃料推進器提供最初幾秒鐘飛行所需的動力。推進器一旦脫落，飛行便失去動力，滑翔飛彈由1部自動駕駛儀和無線電測高儀保持穩定。借助無線電指揮線路控制飛行，通過翼尖上的閃光信號跟蹤飛彈。飛彈抵達降落區時，在距離預定目標800米（875碼）遠的地方利用降落傘減速。533毫米口徑（21英吋）L4音響制導魚雷射入水中，對目標發起攻擊。

安裝了「瑪拉豐」飛彈系統的法國海軍戰艦包括「圖爾維爾」級（3艘）、「休弗倫」級（2艘）、「戴斯特里」級（4艘）以及「阿克尼特」號和「拉蓋利索尼爾」號戰艦。每艘戰艦有1座發射器和1個彈倉，內有13枚飛彈。「瑪拉豐」

下圖：就本質而言，「瑪拉豐」飛彈屬於一種艦載音響制導魚雷，通過一枚制導飛彈將其發射至目標區域。該型飛彈主要用作反潛武器，也可以對付水面目標。

反潛飛彈最終於1997年退役。

「博福斯」反潛火箭（375毫米口徑火箭發射器系統）

　　最初的375毫米口徑4管「博福斯」反潛火箭發射器系統於20世紀50年代初研製，於1955—1956年開始在瑞典海軍驅逐艦上服役。艦船聲吶提供所需的目標數據，以便計算發射器的仰角和發射方位。可以單發或多發齊射，發射器內的飛彈射出後，便自動在3分鐘內從正下方的彈倉中再次填裝彈藥。所配備的飛彈數量從36枚（絕大多數艦船）到最多49枚（從荷蘭海軍手中購買的2艘秘魯驅逐艦）不等。發射系統可以發射3種火箭彈，其發動機和引信不同，作戰性能各

技 術 規 格
4管發射器 口徑：375毫米口徑（14.76英吋） 重量：7 417千克（16 352磅） 仰角：+15°~+90° **雙管發射器** 口徑：375毫米口徑（14.76英吋） 重量：3 861千克（8 512磅） 仰角：0°~+60°

下圖：SR375型雙聯裝發射器既可以單發，又可以齊發。所發射飛彈的彈道特徵能夠使飛彈在水下繼續保持精確的行進軌道。

左圖：375毫米口徑「博福斯」反潛發射器系統可發射的3種飛彈，射程各不相同。飛彈飛行軌道比較平坦，從而盡量縮短飛行時間，減小了目標潛艦逃脫的機會。

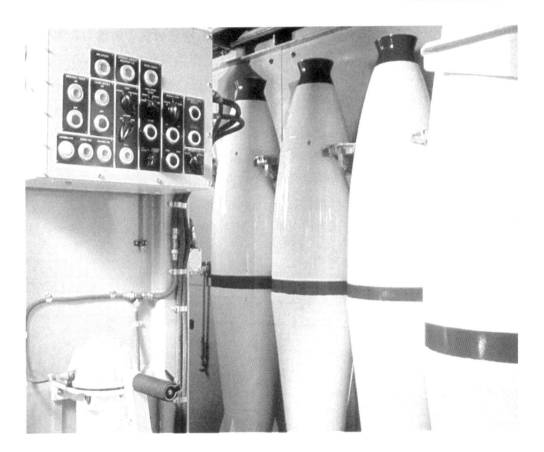

異。儘管4管發射器不再生產，但仍廣泛應用於哥倫比亞、日本、葡萄牙、瑞典、秘魯、土耳其和聯邦德國海軍。法國使用克勒索－盧瓦爾公司許可製造的6管發射器。

　　1969—1972年，出現了雙管SR375型發射器，巴西、埃及、印度、印度尼西亞、馬來西亞、摩洛哥、尼日利亞和

上圖：4管發射器彈倉位於正下方，一旦發射器內飛彈發射完畢，可以從下面進行補給。

西班牙都使用這種發射器。彈倉內共有24枚飛彈。20世紀80年代初，在追蹤可疑的蘇聯潛艦時，瑞典海軍驅逐艦「哈蘭德」號還保留著一套4管發射器系統。

RBU反潛火箭發射器

多年來，蘇聯製造出大量的多管火箭發射器，命名為「反潛火箭深彈發射器」，根據前射式「刺蝟」式深彈發射器原理工作。火箭可以避開魚雷的攻擊，在特定條件下，如果預警充分還可以充當反魚雷武器。火箭安裝了觸發或磁性感應引信。在所有反潛火箭發射器之中，應用最廣泛的是全自動250毫米口徑RBU–6000型發射器，1960年服役。這個12管發射器呈馬蹄狀，安裝1個自動引信系統，每次同時發射2枚RGB–60型火箭彈。射彈重70千克（154磅），發射管逐一垂直裝填。

在通常情況下，RBU–6000型發射器與1962年的全自動

下圖：「克里瓦克」級護衛艦具有很強大的反潛潛力，攜帶的武器包括常見的2座12管RBU–6000反潛火箭發射器，並排安裝在艦橋的前端。

技 術 規 格

RBU-6000型反潛火箭發射器
口徑：252毫米口徑（9.92英吋）
射程：6千米（3.73英里）
管長：1.6米（5英尺3英吋）
重量：火箭重70千克（154磅）；彈頭重21千克（46.3磅）

RBU-2500型反潛火箭發射器
口徑：312毫米口徑（12.28英吋）
射程：2.7千米（1.68英里）
管長：1.6米（5英尺3英吋）
重量：火箭重85千克（187磅）；彈頭重26千克（57磅）

RBU-1200型反潛火箭發射器
口徑：252毫米口徑（9.92英吋）
射程：1.45千米（0.9英里）
管長：1.4米（4英尺7英吋）
重量：火箭重71.5千克（158磅）；彈頭重32千克（71磅）

RBU-1000型反潛火箭發射器
口徑：300毫米口徑（11.81英吋）
射程：1千米（0.62英里）
管長：1.5米（5英尺）
重量：火箭重120千克（265磅）；彈頭重55千克（121磅）

RBU-600型反潛火箭發射器
口徑：300毫米口徑（11.81英吋）
射程：0.6千米（0.37英里）
管長：1.5米（5英尺）
重量：火箭重120千克（265磅）；彈頭重55千克（121磅）

火箭數據
RGB-25火箭由RBU-2500發射，長1.34米（4英尺4.75英吋），最小射程550米（605碼），飛行時間3～25秒。火箭以11米（36英尺）/秒的速度下沉，在10～320米（33～1 050英尺）的深水處爆炸，殺傷半徑5米（16英尺5英吋）

上圖：蘇聯海軍經常在菲律賓海域進行活動。圖中是一艘「別佳」II級輕型護衛艦，艦橋上部安裝2座12管RBU－6000型火箭發射器。這艘船上的蘇聯水手正在充分享受日光浴。

6管300毫米口徑（11.81英吋）RBU-1000型發射器混合使用，但其發射的火箭彈較大，彈頭重55千克（121磅）。

RBU系列發射器的早期系統包括1957年的312毫米口徑16管RBU-2500型發射器，人工裝填彈藥；1958年的5管250毫米口徑RBU-1200型發射器，人工裝填彈藥，自動提升但需人工瞄準；1962年的6管300毫米口徑RBU-600型發射器，人工裝填彈藥。絕大多數系統都配置3~5套完整的彈藥填裝設備，位於艦船的彈倉內。RBU-1200型發射器比較獨特，它發射早期的火箭彈，高爆彈頭重34千克（75磅）。

下圖：部署在「無畏」級驅逐艦上的SS-N-14反潛飛彈，每座發射器裝填4枚飛彈，而每枚飛彈配備1台固體燃料火箭發動機和1枚深水炸彈或魚雷。

SS-N-14「石英」反潛飛彈

RPK-3型反潛飛彈系統通常被西方稱為SS-N-14「石英」反潛飛彈。1968年，空載發射器首次在海上部署時，蘇

聯小心翼翼地讓西方國家誤認為它是一套反艦飛彈系統。該系統發射反潛飛彈（包括許多改進型）。這些反潛飛彈以P-120（SS-N-9「海妖」）飛彈為基礎，最初有兩種基本型號，分別由「克里瓦克」Ⅰ級護衛艦的「穆森」KT-100型

上圖：與所有蘇聯戰艦相同，這艘正在英吉利海峽航行的「克里瓦克」級護衛艦安裝了大量的武器和傳感器系統，配置在艦舷的大型四聯裝發射器可以發射4枚SS-N-14反潛飛彈。該型飛彈在概念上與法國「瑪拉豐」和澳大利亞「依卡拉」飛彈相似。

技 術 規 格

SS-N-14「石英」（85R型飛彈）反潛飛彈

艦艇尺寸：彈長7.2米；彈徑0.57米；彈高1.35米

重量：4 000千克（8 818磅）

性能：速度0.95馬赫；巡航高度1 315英尺（400米）；射程50
　　　千米（31英里）

有效載荷：1枚5 000噸當量核深水炸彈或533毫米口徑（21英
　　　　　吋）魚雷

發射器以及「克列斯塔」Ⅱ與「卡拉」級巡洋艦的「格羅姆」KT-106發射器發射。

SS-N-14型飛彈屬於一種指令制導飛彈,由火箭驅動,裝有彈翼,發射到預定位置上方後,釋放傘降有效載荷(最初是1枚5 000噸當量的核深水炸彈或1枚457毫米口徑魚雷,後來則是1枚533毫米口徑制導魚雷)。雙用途URPK-3型飛彈攜帶1個彈頭,可以用作反艦武器。飛彈在直接攻擊目標時,首先用船體聲吶對目標進行探測和跟蹤,飛彈接到指令在目標潛艦位置上方投放魚雷。對付遠距離目標時,由1架直升機發出投放有效載荷的指令。

其他一些改進型的飛彈還包括URPK-5「拉斯特魯布」-A型飛彈(從1980年開始,「克里瓦克」Ⅱ級護衛艦上安裝了85RU型飛彈和KT-100U發射器)和URPK-4「拉斯特魯布」-B型飛彈(從1985年起,「無畏」級驅逐艦上安裝了85RU型飛彈和KT-106U發射器,還可能安裝了「眼碗」指揮系統)。

SS-N-15/16「星魚」和「種馬」反潛飛彈

蘇聯的RPK-2系統(使用82R型飛彈,由533毫米口徑魚雷管發射)由諾瓦特設計,1969年服役,在西方國家被稱為SS-N-15「星魚」飛彈,主要由潛艦進行發射。它實際上是美國「薩布羅克」的複製品,最初裝備了1枚10 000噸或20 000噸當量的核深水炸彈,後來更換為APR-2E型魚雷。水面飛彈由2艘「基洛夫」級巡洋艦和1艘「無畏」Ⅱ級驅逐艦上的533毫米口徑發射管進行發射,飛行一段距離後落入大海,同時啟動火箭發動機,直接撲向目標。它還可以在50米以下的深海由潛艦發射,最小射程為10千米。

左圖：SS-N-15型飛彈被安裝在蘇聯核動力攻擊潛艦上，也可能安裝在圖中的「T」級柴油潛艦上。

接替RPK-2型飛彈系統的是650毫米口徑（25.6英吋）飛彈系統，在西方國家被稱為SS-N-16「種馬」，它有2個版本，其中的RPK-6「瀑布」飛彈於1979年服役，攜帶83R型飛彈，使用1枚魚雷彈頭；而另外一種RPK-7「風」

技術規格

SS-N-15「星魚」反潛飛彈
艦艇尺寸：彈長6.5米；彈徑533毫米
重量：1 900千克（4 189磅）
性能：速度1.5馬赫；射程45.7千米（28.4英里）
有效載荷：1 500噸當量核深水炸彈或533毫米口徑（21英吋）
　　　　　魚雷
SS-N-16「種馬」反潛飛彈
艦艇尺寸：彈長6.5米；彈徑650毫米口徑
重量：2 150千克（4 740磅）
性能：速度1.5馬赫；射程120千米（74.6英里）
有效載荷：2 000噸當量核深水炸彈或533毫米口徑（21英吋）
　　　　　魚雷

飛彈則攜帶84R型飛彈，可能使用1枚核深水炸彈彈頭。改進型的URPK-6「瀑布」和「風」飛彈使用83RN型和84RN型飛彈。相關的水面艦船系統是「維德」（攜帶魚雷的86R型飛彈）和「弗斯普利茨克」（86R型飛彈，還可能攜帶1枚核深水炸彈）。此外，RPK-6型飛彈可能是蘇聯製造的第一種650毫米口徑武器，因此不得不將533毫米口徑魚雷發射管更換為650毫米口徑的魚雷發射管。目前唯一的彈頭是1枚較短的533毫米口徑魚雷，唯一適用該型武器系統的水面戰艦是「無畏」號護衛艦。

下圖：蘇聯海軍「Ａ」級潛艦曾安裝了SS-N-15「星魚」飛彈。